部编版
必读经典书系

森林报

senlin bao

[苏] 比安基 著
毛林萍 改写

南京大学出版社

图书在版编目（CIP）数据

森林报 /（苏）比安基著；毛林萍改写 . -- 南京：
南京大学出版社，2020.6
（部编版必读经典书系）
ISBN 978-7-305-23182-7

Ⅰ . ①森… Ⅱ . ①比… ②毛… Ⅲ . ①森林 – 少儿读
物 Ⅳ . ① S7-49

中国版本图书馆 CIP 数据核字 (2020) 第 064709 号

出版发行　南京大学出版社
社　　　址　南京市汉口路 22 号　　邮　编　210093
出 版 人　金鑫荣
项 目 人　石　磊
策　　划　刘红颖

丛 书 名　部编版必读经典书系
书　　名　森林报
著　　者　[苏] 比安基
改　　写　毛林萍
责任编辑　洪　洋
助理编辑　梁丽婷
责任校对　杨　括
终审终校　荣卫红
装帧设计　谷久文

印　　刷　江西华奥印务有限责任公司
开　　本　710×1000　1/16　印张 24.75　字数 273 千
版　　次　2020 年 6 月第 1 版　2020 年 6 月第 1 次印刷
ISBN　978-7-305-23182-7
定　　价　38.00 元

网　　址：http://www.njupco.com
官方微博：http://weibo.com/njupco
官方微信号：njupress
销售咨询热线：(025)83594756

无障碍高效读经典
名师送你四大锦囊妙计

　　2017 年秋季学期，教育部统一组织新编的义务教育《语文》教材（部编版语文教材）开始在全国范围内使用。此次部编版语文教材的一大改革，就是提升了课外阅读在语文学习中的重要性。课外阅读被纳入语文教学，小学阶段增加了对课外阅读的要求，初中阶段的名著阅读更是成为必考内容。可以说，语文学习已经从课堂延伸到课外，需要学生更加重视自主的阅读实践。

　　南京大学出版社出版的"部编版必读经典书系"，基于部编版语文教材必读和自主选读书目选篇，以中国古代文学经典、中国现当代文学经典、外国文学经典三部分呈现，特邀一线语文教学名师撰写导读，真正实现阅读经典无障碍，为广大青少年读懂经典、理解经典铺平道路，扩大其视野。

一、选篇依据部编版语文教材，千锤百炼

　　"部编版必读经典书系"所选篇目，依据最新部编版语文教材提供的必读和自主选读的名著书目，无缝对接教材新标准。

　　秉承南京大学诚朴雄伟的精神品质、励学敦行的实践作风，南京大学出版社坚持出版高品质图书，自 2013 年以来陆续出版"新课标经典名著

系列·学生版"系列图书达116种，历经市场检验，加印不断，成为广受青少年读者喜爱的版本，"部编版必读经典书系"即在此基础上进行改版、精修、精编而成。

二、版本考究，编辑严谨

"部编版必读经典书系"分为中国古代文学经典、中国现当代文学经典、外国文学经典三个版块，装帧设计上既达到套系图书的统一视觉传达，又兼顾了三个版块的差别，便于读者选择和收藏。

本套书选取权威译本，如《泰戈尔诗选》，选取了权威的郑振铎译本，《小王子》也采用了深受阅读推广人和小学语文特级教师赞誉的程玮译本等，从源头上保证了"部编版必读经典书系"的内容品质。

为便于广大青少年读者阅读，在编辑过程中，为原书章节无标题的部分加注标题，方便读者透过目录，提纲挈领地快速了解全书内容，也便于日常翻阅。

特邀长期工作在一线的语文名师撰写"名师导读"，经反复讨论、试读和打磨，形成"四大锦囊妙计"，以两部分在书中呈现，分别设置在正文前后，为读者自主、高效阅读铺平道路、画龙点睛。

三、一线语文名师导读，实现无障碍高效阅读

"名师导读"是"部编版必读经典书系"的一大亮点，其中的"四大锦囊妙计"被依次开启的同时，也将读者引领至更深、更广的阅读旅程。"名师导读"分两部分呈现，分设在正文前后。"名师导读（一）"为读

者在阅读前指明方向，为快速介入铺平道路：

锦囊1：名著题解

★名著题解•

到点睛之

书名若干个，每一个书名都能在书中找
《红楼梦》是因为宝玉梦中神游太虚幻境
《红楼梦十二支》；书名《金陵十二钗》源
到《金陵十二钗正册》《金陵
《金陵十二钗又副册》等；书名《风月宝鉴》
书中贾瑞病中接受跛道人所赠镜子鉴"风月宝鉴"四字；
书名又曰《石头记》，源自僧人亲眼看到故事记录在石头上，
现今最为通用的书名是《红楼梦》。

《红楼梦》是曹雪芹花了大半辈子心血所写的不朽名著。曹雪芹
祖辈三代四人任"江宁织造"数十年，接待康熙南巡四次，曹家可谓
阔气且贵。曹雪芹幼时家境殷裕，过着锦衣玉食的生活，出生在诗书富
贵之家，使他得到最好的文学滋味；后来他经历抄家的巨变，过起极
度清贫的日子，常常需依靠卖字画和朋友接济度日。天翻地覆的生活变

看题解，知大概

从容进入阅读的第一步
是了解作者、知道作品的创
作与文化背景等，这样就会
在脑海中自然勾画出作品的
大概面貌，进入阅读时就不
会感到陌生。

化、艰苦无比的环境练就他的一双慧眼与一颗慧心，使他对生活与社会
具有独特的看法，从此他笔耕出《红楼梦》，书稿"批阅十载，增
删五次"。脂砚斋透露："书未成，芹为泪尽而逝，余常哭芹。泪亦殆
尽。"这样一部呕心沥血创作出来的鸿篇巨制，涵盖服饰、饮食、建筑、
园林、诗词、医药、礼仪等方面，堪称一部封建社会的百科全书，
文学的巅峰之作，可谓千古第一奇书。京璞评论：《红楼梦》

元思维

的书，随着时代的变迁、读者的更换，会产生新的内容。
认为前八十回是曹雪芹所作，后四十回高鹗所续，
《红楼梦》中的关键人物、关键事件，取其精华，
留了故事全貌。当代学生阅读本书，结合当代多
意味。

•★阅读导入

（一）各

锦囊2：阅读导入

敲黑板，画重点

从现实生活导向具体章
节，消除阅读距离感；点破
阅读重点，引导读者带着问
题阅读，自然进入深度阅读。

谎语，绝无虚笔，皆为巧妙伏笔。

《红楼梦》中几乎没有一处闲笔。书中
许多诗词、诗句、谜语、人物间的对话，乍
看似乎没有特别之处，细细琢磨，且能体会
出一番深意。因为作者常常用它们作为谶语
来揭示人物的命运和结局，正所谓"草蛇灰
线，伏笔千里。"书中有哪些诗词暗示了人
物的结局？哪些诗句暗有深意？哪些谜语暗
示人物的命运？还有哪些人物的对话看似不
经意，却同样"一语成谶"？

读者第三回《贾宝
玉梦游十二钗》，第
二十回《林黛玉误贾
宝玉薛宝钗》、三十四回建造
诗社锋掩笑才力，第
91页，却第十一回村妇
妇娇娑难兄尤二小时，为
何贾政来到众人咳的灯
谜会感悲从中来！

"名师导读（二）"为读者消除阅读盲点，使其对作品的理解更深刻，生发出更具思考性的阅后心得。

锦囊3：思维拓展

扫困惑，明主题

由点及面、举一反三、触类旁通的思维导引，直指作品核心。对作品的深层思考，令经典阅读不止于文本本身。

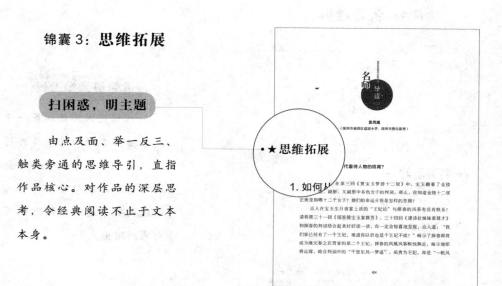

锦囊4：自我测评

积跬步，至千里

好记性不如烂笔头。旁征博引、挥洒自如、文思滔滔的好文章是建立在日积月累的大量阅读上的，积一本"'部编版必读经典书系'心得本"，阅读能力提升，写作能力当然大进步！

名师 导读（一）

MINGSHI DAODU

李春霞

（江苏省海门市中南国际小学 海门市书香教师）

★ 名著题解

　　《森林报》是一本由苏联儿童文学作家比安基主编的科普读物。比安基在1894年出生于圣彼得堡市，良好的家庭环境对他的创作生涯影响深远。小时候，他经常和父亲一起参观动植物博物馆，父亲教他根据脚印来识别野兽，根据飞行模样来识别鸟类，还教他把对大自然的发现记录下来。钟情大自然且笔耕不辍的比安基，一生创作出许多科学童话、科学故事和小说，代表作有《森林报》《小老鼠比克历险记》《大山猫历险记》《小山雀的日历》等。这其中，《森林报》最为经典，是苏联儿童文学的奠基之作。

　　《森林报》在1927年首次出版，之后再版过多次。每一次再版，比安基都要进行必要的补充、修改。他去世后，那些与比安基一样了解自然、热爱自然的人——作家尼古拉·斯拉德克、阿列克谢·里约拉夫斯基，生物学家莫代斯特·卡里宁和比安基的儿子，又对《森林报》进行了数次修订。如今的《森林报》，不仅涵盖丰富的自然知识，还具有极强的艺术性与趣味性，深受全世界少年儿童的喜爱。

★阅读导入

（一）阅读《森林报》，你会非常开心，因为你会认识许多特殊的朋友——动物或植物，你会对他们有更多、更新的认识。比如，春天里，森林里哪一种鸟的羽毛会显著改变颜色？小兔子生下来的时候，是睁着眼还是闭着眼？什么时候野白兔最容易看见？你知道吗？《森林报》还开设了一个通讯员专栏"祖国各地无线电播报"。

请翻看 NO.1《万物初醒月》和 NO.2《候鸟回归月》两章。

（二）哪一种甲虫是用它出生的月份来命名？甲虫有多少对翅膀？椋鸟窠里孵出了小鸟以后，碎蛋壳都去哪儿了？青蛙的卵和癞蛤蟆的卵有什么不同？什么鸟叫起来像狗？哦，对了，屋檐下的燕子在筑巢时受到了大黄猫的挑衅，接下来会发生什么？小云杉和野草族的战斗是一副怎样的场景？小白杨、白桦树与云杉的争斗结局如何？欲知详情，请继续阅读哦。

请翻看 NO.3《载歌载舞月》一章。

（三）炎炎夏日，酷暑难当，白昼的时间特别长。为了生存，动物和植物都在顽强的斗争，他们的生命在这段时间里，茂盛而残酷地生长着。小白桦、小云杉、小白杨和野草空地争夺之仗已经打了许久，谁获得了最终的胜利？菜园里的蔬菜瓜果正和麻烦的敌人纠缠在一起，该怎么对付难缠的甲虫、蛾蝶和大菜粉蝶呢？人蚊大战已经开启，你掌握灭蚊的关键了吗？

请翻看 NO.4《鸟儿建巢月》一章。

（四）9月，秋季开始了，候鸟们在什么时候动身飞往遥远的南方？谁是最早走，谁又是最晚离开？是谁选择了水上旅行？10月，大家都在为冰雪季节做准备。你知道水老鼠的储藏室有多么

请翻看 NO.7《鸟儿离乡月》和 NO.8《粮食储存月》两篇小说。

秩序井然吗？为什么说松鼠是储存食物的高手？你知道姬蜂繁殖后代的方式吗？

（五）要成为一名好猎手，在雪地上追踪兽迹，就得练就一双火眼金睛！作者把冬天看成一本书，各种动物在"一张张白色的书页上写着许许多多神秘的字符，还在上面签字留名"，你能辨认出松鼠的字迹吗？老鼠的呢？悄悄告诉你，你以为看到的是兔子的脚印，其实那是狐狸的脚印。哈哈，这是为什么呢？

请翻看 NO.10《银径初现月》一章。

目 录 Contents

名师导读（一）

夏

致 读 者

我们在日常生活中见到的报纸，上面记载的全是人类的新闻。可是，孩子们对于森林里飞禽走兽和昆虫的生活也非常感兴趣。

森林里的新闻可一点儿也不比城市里少。森林里也有不同的动物在工作，它们也有欢乐的节日和悲伤的故事，那儿也有机智勇敢的英雄和横行霸道的强盗。可是，这一切并不记录在城市的报纸上，所以谁也不知道森林里每天发生的这些千奇百怪的新闻。

比如，你们当中有谁听说过，在天寒地冻的时节里，在我们列宁格勒省①的土地上，有一些没有翅膀的小虫子会从雪里

①即圣彼得堡。位于今俄罗斯西北部，波罗的海沿岸，涅瓦河口，是俄罗斯第二大城市。

钻出来，光着脚在雪上乱跑？在哪份报纸上能看到驼鹿用犄角打群架、秧鸡徒步从非洲出发走过整个欧洲、伶鼬偷走了长耳鸮的食物、老鼠在雪地里生下鼠宝宝这些有趣的新闻？

而所有这些，都能在《森林报》里找到详细的报道。

《森林报》每月一期，一共 12 期。我们把它整理成了一本书。每一期的内容包括：编辑部的文章，以及我们的特约记者——森林通讯员寄来的电报和信件。

我们的森林通讯员都是什么人组成的呢？有的是学生，有的是科学家，有的是猎人，有的是护林员，有的是学者。他们常常走进森林去观察动植物们的生活，然后把形形色色的林中轶事记录下来，寄给我们编辑部。

1927 年，单行本的《森林报》第一次出版。从那以后，经过多次再版，每次都会增加一些新栏目。

《森林报》是在列宁格勒编辑出版的，是一种地方性报纸。这里面报道的新闻，大多都发生在列宁格勒省内列宁格勒市内。

但是，我们祖国的幅员是多么的辽阔。当暴风雪在北方边境上肆虐时，暖烘烘的太阳正照射在南方的土地上。当西边的孩子刚香甜地入睡时，东边的孩子已经从梦中醒来，正在起床、穿衣。因此，许多《森林报》忠实的读者朋友们纷纷提出了建议：希望从《森林报》上不仅能知道列宁格勒省内的新闻，还能了解全国各地发生的故事。于是，为了满足读者的要求，我们新设了"八方来电"这个栏目。

我们还转载了列宁格勒塔斯社的一些报道。

我们邀请了生物学博士、植物学家兼作家尼娜·米哈依洛芙娜·巴甫洛娃为我们编辑部撰写文章，向读者朋友们介绍有趣的植物。

祖国的每一寸河山都是大自然的馈赠，都值得热爱与歌颂。我们都应该热爱并了解自己的故乡，不仅要熟悉故乡的风土人情，还要熟悉与我们朝夕相伴的那些动物、植物，了解它们的习性。

你手里的这本《森林报》，是经过删改和增订的。在每一个月份里，我们都会发表一首"太阳的诗篇"；在"农庄生活"这一栏目中，博学的尼·巴甫洛娃会用细腻的笔触，与我们一同发现平常生活中不平常的小事；森林通讯员从林中战场上发回来的报道，我们也会及时地刊登出来。

祝阅读愉快！

第一位森林通讯员

许多年以前，在公园里，列宁格勒的市民们经常能看见一位白发苍苍、戴着眼镜的老教授。他用锐利的眼睛捕捉身边飞过的每一只蝴蝶和蜜蜂，用敏感的耳朵倾听树枝上和灌木丛里鸟儿的每一声鸣叫。

生活在大城市的居民中，很少会有人留心每一只新孵出的雏鸟和飞舞着的每一只蝴蝶。可是这位老教授会这样做。他用敏锐的感官和纸笔记录每一则森林里发生的奇闻异事。

他就是我们的第一位森林通讯员——德米得利·尼基罗维奇·凯戈罗多夫。在长达半个世纪的漫长岁月里，他每天都细心地观察着我们城市和周围的自然。春夏秋冬四季轮回交替，候鸟飞走又飞回，花儿绽放又凋谢，河流结冰又解冻，在他的眼前上演了一遍又一遍。

他认真而清楚地记录着自己观察到的点点滴滴，并在报纸上发表，让更多的人看到。他还号召其他人，尤其是充满活力的年轻人，去观察大自然，探索大自然的奥秘。

越来越多的人加入了老教授的队伍，于是，一支观察大自然的森林通讯员大军，日益发展壮大起来。直到现在，有很多爱好自然的人们，比如小学生、科学家和乡土研究者，依然在沿着他开创的先河，继续往前走。

通过 50 年的努力，凯戈罗多夫教授积累了大量的观察结果。他将这些观察结果分门别类地进行整理。多亏他的辛勤工作，还有其他科学家的付出，我们才得以知道春天哪种候鸟何时归来，秋天它们何时动身离开我们，以及我们身边的草木是如何生长、凋萎的。

在观察之余，他还为孩子们和成人们写了许多有趣的书，关于鸟类，关于植物，关于田野，关于森林，包罗万象。他本人曾经在学校里教过书，总是鼓励孩子们多多接近大自然，观察大自然，教导孩子们从大自然里学习知识，而不是仅仅依靠课本。

1924 年 2 月 11 日，在经历了长期病痛的折磨后，这位慈祥的老教授溘然长逝。

我们失去了一位了不起的森林通讯员。但是，我们会永远铭记着他的。

森 林 历

    亲爱的读者朋友，你们可能会觉得《森林报》上刊登的新闻都是陈旧而过时的。其实，并不是这样。的确，每年都有春天，但每个春天都是崭新的、与众不同的。就像世界上没有两片完全相同的树叶那样，无论多少年，你都不可能遇上两个一模一样的春天。

    打个比方。你们平日里都见过自行车的车轮吧？一年，就仿佛是一个有12根辐条的车轮。每一根辐条，都象征着一个月。12根辐条统统滚过一次，车轮就滚了一圈，过了一年。接下来，该滚第二圈了，又轮到第一根辐条了。可是这时车轮已不在原处，而是在稍远一点的地方。这之间，就是时间车轮向前滚动一圈行走的路程。

    春天又到来了。森林从沉睡中苏醒过来。结束冬眠的熊，慢悠悠地从洞里爬了出来。消融的春水到处泛滥，把动物的地下住所都淹没了。鸟儿们飞回来了，在田野和湖沼边重新开始快乐地嬉戏打闹、唱歌跳舞。紧接着，大伙儿又将要开始建巢、搭窝，准备哺育后代……不管什么时节，你们都可以从《森林报》里找到最及时的森林新闻。

在这儿，需要指明的是森林历。这是生活在森林里的居民所遵循的历书。当然，它不同于普通的年历。因为动植物们的生活，与我们人类的生活完全不一样。在森林里，所有居民的生活，全部取决于太阳。

太阳在天上完整地转了一圈，就是一年。它每经过一个星座，就是一个月。黄道带①森林历上的新年，不在冬天，而是在春天，也就是当太阳进入白羊宫的时候。对森林里的居民而言，初春的迎接太阳，标志着欢乐日子的开始，而深秋的送别太阳，则意味着苦难日子的到来。

像普通历书那样，我们把森林历也分成 12 个月，并给它们分别起了独特的名字。

下面，就让我们一起翻开《森林报》吧！

---

①黄道带，指的是日、月和主要行星在天空中运行的路径。古代天文学家认为，太阳是沿着黄道周而复始地运转着的。为了表示太阳的位置，他们把黄道带分成 12 宫，每宫长 30 度，从春分开始，依次是：白羊宫、金牛宫、双子宫、巨蟹宫、狮子宫、室女宫、天秤宫、天蝎宫、人马宫、摩羯宫、宝瓶宫和双鱼宫。就是这十二个星座的总称。

春

ＮＯ.１万物初醒月

（春季第一月）

3月21日—4月20日太阳进入白羊宫

太阳的诗篇——三月

庆祝新年！

3月21日，春分。这一天，白天和黑夜一样长。这天，森林里正在喜气洋洋地庆祝春天即将来临。

阳光越来越温暖。屋檐上，一根根冰柱慢慢地融化着，水滴一滴一滴地敲打着大地。积雪变得松软，出现了许多蜂窝般的小洞，不再是冬天时纯白洁净的模样。小麻雀在水洼里欢快地跳跃着，用水洗去羽毛上累积了一冬的尘垢。花园里响起了山雀快乐的歌声，如银铃般悦耳动听。

春天乘着阳光的翅膀来到我们的身边。它首先解放冰冻的大地。地上的积雪消融了，露出黑色的土壤表层。这时候，河水还在冰层下面睡觉，森林也在雪下沉睡。

俄罗斯民族有个古老的习俗，在春分这天早晨，需要用白面烤制一种特别的面包。它的形状很像只小鸟，两只眼睛是两颗葡萄干。这天，我们还要打开鸟笼，把鸟儿放飞，让它们重获自由。

按照新习俗，爱鸟月从这一天开始。整整一个月，孩子们兴高采烈地用木板和藤条做成鸟巢，然后挂在树上，欢迎椋鸟、山雀、黄莺、黄雀等鸟儿的到来。他们还在院子里、阳台上、鸟巢里撒上谷粒和面包屑，为鸟儿开办免费食堂。学校里，有经验的前辈在爱鸟报告会上，向所有的孩子们介绍鸟儿的作用，以及该怎样爱护这些长着翅膀的朋友。

来自森林的第一封电报
秃鼻乌鸦从南方飞回来了

雪融化之后，秃鼻乌鸦成群结队地出现，它们在路上大模大样地踱方步，用结实的喙刨土。它们的出现，揭开了春天的序幕。

冬天，它们在温暖的南方过冬。它们很早就动身启程，经历沿途暴风雪的严峻考验，在春天飞回到北方的故乡筑巢、繁衍。

灰沉沉的乌云飘走了，蔚蓝色的天空和白色的积云越来越频繁地出现。天气也变得越来越舒服。森林里，驼鹿和牡鹿长出了新的犄角，金翅雀、山雀和戴菊鸟在树枝上快乐地唱着歌。

我们正在等待椋鸟和云雀的回归。

在一棵树根被掘起的云杉下，藏着一个熊洞。憨厚的熊还没从甜蜜的梦乡中醒来。

白天，温暖的阳光将积雪融化成雪水，森林里的树都在往下滴水，好似一场小小的音乐会，滴滴答答，叮叮咚咚。而到了晚上，寒冷的气温又重新把雪水冻成冰。

云杉上依旧覆盖着积雪，可乌鸦早早地在上面筑巢、下蛋。雌乌鸦在窝里负责孵蛋，雄乌鸦负责寻觅食物。

■森林通讯员

林中趣事记
博爱的兔妈妈

田野里还盖着积雪，但兔妈妈已经生下了可爱的小兔子们。

刚出生的小兔子马上就睁开了眼睛，它们身上穿着暖和的毛绒大衣。它们天生就会跑，一吃饱了奶就跑到灌木丛里和草墩下面，一动不动地蹲在那里。

三天过去了，兔妈妈并没有待在小兔子身边，反而在田野里失踪了。乖巧的小兔子们依旧老老实实地蹲在那儿，不哭不闹，也不乱跑。它们可不敢乱跑，因为一乱跑，就会被老鹰和狐狸发现的。

跟兔妈妈长得很像的兔姨妈从这儿经过。饥饿的小兔子跑到它跟前去，要求吃奶。慷慨的兔姨妈将它们喂饱了，就一蹦一跳地向前跑去。吃饱了的小兔子又回到灌木丛里继续蹲着。

原来，对所有的兔妈妈而言，田野里的所有兔宝宝都是它们的孩子。所以，不论在哪儿遇到小兔子，博爱的兔妈妈都会给它们喂奶。

小兔子们饱餐一顿，就可以过上好几天。而且，它们也不怕寒气和低温。到了第八九天，它们就开始吃草了。

春天的第一批花

春天里的第一批花，不在雪地上，而是在溪边。

积雪融化后变成流水，在小溪里淙淙地淌着。临水的榛子树上，第一批花安静地绽放在光秃秃的枝头。

从树枝上，垂下一根根灰色的小尾巴，人们把它称为柔荑花序。尾巴里面，藏着许许多多的花粉。在暖和的天气里，富有弹力的小尾巴会张开，在风的摇晃下，花粉就会轻柔地飘落下来。

在榛子的树枝上，还长着蓓蕾般的花。它们两朵、三朵地聚在一起。在每个蓓蕾的端上，伸出一对红色的细长柱子。这是雌花的柱头，专门用来接收随风而来的花粉。

当花粉落在柱头上后，即使花瓣枯萎凋谢，每一朵雌花也会在日后变成一颗可口的榛子。

■尼·巴甫洛娃

白色动物的计谋

在森林里，常有猛禽和猛兽出没，它们专门袭击柔弱的小动物们。

冬天，雪地是白的，白兔子、白山鹑藏在其中，它们与白色的雪地融为一体，所以很难发现它们。但是，春天雪融化了，褐色的地面露了出来，白色是那么显眼，以至于猛禽与猛兽隔老远就能轻而易举地发现它们。柔弱的兔子和山鹑该怎样才能让自己不被发现呢？

哦，这些白色的动物在春天耍起了计谋。它们开始换毛，把原本白色的羽毛和兽皮换成了其他的颜色。白兔的新装是灰色的。白山鹑长出了褐色和红褐色的新羽毛，上面还带有黑色的条纹。现在，可不大容易找到它们了。

伶鼬和白鼬，这些袭击小动物的食肉兽也换装了。在冰天雪地中，白色的伶鼬和白鼬能借助白雪的掩护，偷偷爬到小动物的跟前去，发起突袭。到了春天，它们都变成灰色的。伶鼬全身都是灰色的，白鼬的尾巴尖儿还是黑色的。不过，不碍事，地上不是到处都有这样那样的黑斑吗？那是树枝、石子还有其他的什么。

准备上路的冬客

在列宁格勒州各地的路上，都可以看见一群群慢悠悠走着的白色小鸟。它们是雪鹀和铁爪鹀，是在我们这儿过冬的小客人。

它们的故乡，是位于北冰洋沿岸的苔原。那儿现在还是一片白茫茫的冰雪世界，要再过许多日子，那儿的泥土才能解冻。

树枝上的雪崩

森林里，可怕的雪崩正在上演。

在云杉高高的枝丫上，松鼠正在暖和的窝里睡觉。

忽然，沉甸甸的一团雪从树梢上掉落下来，正好砸在窝顶上。受惊的松鼠"嗖"的一声蹿了出来，可是它那些软弱无力的松鼠宝宝还留在里面呢。

松鼠赶紧着急地用爪子把雪扒开。幸好雪只压住了用粗树枝搭成的窝顶，并没有把下面的窝全部压坏。

里面的小松鼠还小得很，跟小老鼠差不多，都还没有睁开眼睛，浑身光溜溜的。它们对头顶可怕的雪崩丝毫没有察觉，还在甜甜的梦里呢。

洞穴里进了水

森林里，积雪正在融化。

鼹鼠、田鼠、鼩鼱、野鼠、狐狸，这些住在地洞里的野兽，现在的日子可不好过啦。

因为地面上雪水泛滥，还渗到地下来，让地洞里变得潮湿而难受。

这可怎么办呢？

白色的茸毛

沼泽地里的积雪也融化了，到处都是水。

在草墩下面，绿色的草茎上摇曳着一些银白色的小穗儿。难道这是去年没来得及播下的种子，在雪下过了一冬吗？可是它们也太干净了吧，让人难以相信是去年留下来的。

采下这种小穗，拨开茸毛，定睛一看，呀，原来这是花！在光滑的白色茸毛中间，羞涩地藏着几根黄色的雄蕊和细长的柱头。

原来这是羊胡子草的花。因为这会儿夜晚还很冷，所以这些白茸毛是用来给花保温的，防止它们被冻坏。

■尼·巴甫洛娃

常绿的森林

说起四季常绿的植物，你们可能会认为它们分布在热带或者地中海沿岸。其实，在北方也有常绿树林。虽然这儿的树林以落叶乔木和灌木为主，但也有树林是夹杂着常绿小灌木的。春天到这样的森林里走走，会特别愉快，因为既看不到黄褐色的枯草，也看不到半腐烂的落叶。

大老远就能注意到绿里透灰的小松树。它枝干上的针叶毛蓬蓬的，光滑而柔软。这儿的一切都充满着盎然的生机。绿色的青苔细密地铺在地面上。蔓越橘的叶子闪闪发光，像一颗颗星星挂满了整棵树。优雅的石楠细枝上，长着一簇簇嫩小的新叶。你看，那边还留着去年盛开而没有凋落的淡紫色小花！

蜂斗叶生长在沼泽地的边缘。暗绿色的叶子向上卷起，背面是银白色的，好像涂了一层颜料似的。树叶间，粉红色的钟状花安静地绽放着。这种花儿跟蔓越橘的花很像。在早春时节，居然能在森林里找到这么早的春花，真是出乎意料呢！

■尼·巴甫洛娃

鹞鹰与秃鼻乌鸦

我与朋友们在山冈上玩耍。突然，一阵"噼——噼""呱——呱——呱"的奇怪叫声从头顶传来。

抬头一看，天空中，五只秃鼻乌鸦正在追赶一只鹞鹰。

鹞鹰左右闪躲，但寡不敌众，还是被乌鸦追上。秃鼻乌鸦用锥形的尖嘴猛啄鹞鹰的头和身上的羽毛。鹞鹰痛得尖声大叫，慌慌张张地后退。但它还不放弃，依然坚持反抗，后来，它好不容易从围攻中脱身。

之后，我看见那只鹞鹰落在一棵树上休息。不知从哪里又冒出一大群秃鼻乌鸦，它们仗着数量多，得意地叫嚣着向鹞鹰扑去。这下惨了，倒霉的鹞鹰现在碰上了更猛烈的围攻。还没缓过来的它，只好硬着头皮上，狂叫着向其中一只乌鸦扑了过去。那只秃鼻乌鸦大概被鹞鹰破釜沉舟的气势吓到了，胆怯地闪到一旁。鹞鹰赶紧趁机穿过一线空隙，振翅冲到高空里去了。也没有其他的乌鸦去阻拦它。眼睁睁地看着俘虏逃走了之后，秃鼻乌鸦们只好各自散落到田野里去了。

■森林通讯员 康·梅什良耶夫

来自森林的第二封电报

椋鸟和云雀终于飞回来了，站在枝头上唱起了欢乐的歌。

云杉树下，熊还是没有从洞里爬出来。

忽然，雪微微地被拱了起来。

但是，钻出来的不是熊，而是獾。它的个头有猪崽那么大，浑身都是灰色的毛，肚子上是黑色的，脑袋上黑白相间，有两道黑色的条纹。

经过漫长的冬眠，它再也不睡懒觉了。现在，它将每晚到森林里去寻找蜗牛、幼虫和甲虫，吃植物的细根，还有捉野鼠，来填饱肚子。

地上的积雪塌下去了。四处奔跑的雪水漫到冰上面来了。

"笃笃笃"，啄木鸟像打鼓似的啄着树。它正在捉藏在树干里的害虫呢。

琴鸡们正在林中空地上进行求偶演出。雄琴鸡的脑袋小小的，尾巴上拖着两根长长的羽毛。小巧一些、淡黄色的，是雌琴鸡。

灵巧的白鹡鸰也飞来了。它们落在冰上面，一边走，一边上下翘动着尾巴。

城市之声

猫儿的音乐会

每天夜里，屋顶上都会举办猫儿们的音乐会。

猫儿很喜欢这种音乐会。它们在那儿"喵、喵、喵"地叫个不停。

但是，让人疑惑不解的是，每次音乐会都是以歌手们的大干一架来宣告闭幕。

顶楼上的居民

在市中心，许多住宅的顶楼上也住着可爱的动物居民。

那是住在顶楼角落里的鸟儿们。在天冷的时候，它们会利用壁炉的烟囱取暖。谁要是觉得冷，就会靠近烟囱，享受免费的暖气设备。有时它们也在那儿挤成一团。

麻雀和寒鸦到处搜集柔软的稻草、茸毛和羽毛。它们先用稻草搭巢，再用茸毛和羽毛做成软软的垫子，然后舒舒服服地住在里面。

在鸽子窝里，母鸽子闭着眼睛打瞌睡。

要想去拜访这些顶楼的朋友，可不容易。它们最讨厌猫儿和调皮的男孩子，因为猫儿和男孩子常常捣毁它们好不容易建好的窝。

惊慌的麻雀

在树枝间的椋鸟窝旁边，唧唧喳喳地吵成一团，羽毛、茸毛、稻草散落一地。

原来是椋鸟回来了。它们一边指责着非法占用它们旧巢的麻雀，一边把麻雀从窝里一只只地往外撵，还扔掉了麻雀的全部家当，茸毛垫子啊，稻草褥子啊。

屋檐下，一个泥灰匠正站在脚手架上用水泥修补屋顶上的裂缝。麻雀从屋檐上急匆匆地扑到泥灰匠的脸上，用翅膀用力地拍打着，用小嘴猛烈地啄着。莫名其妙的泥灰匠吓了一跳，赶紧用手护着脸，再用手中的小铲子一个劲地撵它们。他怎么也不会想到，自己在修补裂缝时把安在里面的麻雀窝也给封上了。窝里面，还有麻雀下的鸟蛋呢。

一片叫嚷声和吵架声，回荡在空气中。茸毛、羽毛在空中随风飞舞。

■森林通讯员 尼·斯拉德科夫

睡眼惺忪的苍蝇

一些大苍蝇开始在列宁格勒的街上出现了。

它们身穿蓝里透绿的衣裳，闪着亮光，一副睡眼惺忪的模样，和秋天时一样。

这时的它们虽然有翅膀，但还不会飞，只能勉强地在墙壁上爬来爬去，摇摇欲坠。

白天爬出来晒晒太阳，晚上它们又爬回墙缝和栅栏间的空隙里去。

同时出现的，是苍蝇虎。它是个流浪汉，整天在街上东游西晃。它是个主动出击派，不像蜘蛛那样得先费力地用蛛丝编织一张大网，然后来困住猎物。它在暗处埋伏着，然后用力一蹦，扑到苍蝇或者其他的昆虫身上，就可以抓到猎物了。

石蚕

暖和的天气里，从河面的冰缝中，爬出一些傻头傻脑的灰色小虫。

它们爬到岸边，脱完皮，就变成了长着两对翅膀的飞虫，身子细细长长的，跟蛾子有点像。不过，这不是苍蝇，也不是蝴蝶，而是石蚕。

石蚕现在软弱无力，还不会飞行。它们需要多晒晒太阳，增强体质。

它们在地上乱爬，爬过草丛，爬过灌木。当它们过马路时，行人的脚踏在它们身上，汽车轮子从它们的身上碾压过去，麻雀也来恶作剧般地啄食。可是它们依旧往前爬。反正它们的数量很多，有几十万只呢。

一些幸运儿终于爬过了马路，它们爬上了房子，沐浴在阳光里。

列斯诺耶的物候观察站

自从凯戈罗多夫教授开创先例，列斯诺耶的物候学观察已经延续了80年。

现在，全苏地理协会设置了一个以凯戈罗多夫命名的专门委员会。这是一个全国性的组织，领导着全国的物候观察工作。

所有研究物候学的人们，都把自己的观察结果寄到委员会。这些卷帙浩繁的记录，可以编制成一本自然历，帮助我们进行天气的预报和农事的开展。

在列斯诺耶，还成立了中央物候观察站。这是全世界仅有的3个拥有50年以上历史的物候观察站之一。

准备鸟窝吧

要是你想让椋鸟在院子里住下来，那就得去给椋鸟准备鸟窝。鸟窝要干净整洁，还得准备充足的食物。门洞要开得小一点，让椋鸟能随意进出，而贪吃的猫儿钻不进去。最好在门上钉一块三角形的木板，这样就能防止猫儿用爪子掏里面的鸟儿和鸟蛋。

跳舞的小蚊子

在晴朗的日子里，小蚊子在空中举行一场又一场舞会。它们在舞池里时而盘旋，时而翻转。

不用担心，这些蚊群，不会像夏天的蚊子那样把你叮得满身红包。

它们密密麻麻地聚集在一起，在空中不停地旋转，忽上忽下。乍一看，还以为天空中长了一块雀斑呢。

第一批蝴蝶

最早出现在人们眼前的，是那些在顶楼上过了一整个冬天的蝴蝶。有黑褐色、带红斑的荨麻蛱蝶，也有淡黄色的柠檬蝶。

温暖的春光把它们唤醒。于是，它们出来呼吸春天的清新空气，在阳光下晒晒冻僵了的翅膀。

公园里的歌声

花园里、果园里，雌燕雀在嘹亮地啼叫着。它们的脑袋是浅蓝色的，胸脯上的羽毛是淡紫色的。它们成群结队地聚在一起，呼唤着雄燕雀的到来。同样是从越冬地飞回来，雄燕雀总是会比它们晚到一些。

新的森林

这两天，在列宁格勒召开了全苏造林会议。森林学家们、农学家们、护林员们，还有其他的工作人员，齐聚一堂，共同商讨着新一年的造林计划。

为了在草原上植树造林，已经进行了 100 多年的科学勘察和实地试验。现在，3 万种乔木和灌木被选定用来种植在草原上。这些都是最能适应当地艰苦生存环境的树种。

工厂里设计并制造出了一种新型的机器，它能在短时间内种下一大块面积的树苗。

到目前为止，大约有几十万公顷的土地上种上了新的树。在接下去的几年里，还有几百万公顷的新森林，等待着人们去栽种、培育。

有了这些新的森林，我们田地的产量就能得到更大的提高，我们的土地就能出产更多的粮食。

■列宁格勒塔斯社

动人的春花

在公园、花园和庭园里，款冬那黄色的小花静静地盛开着。

在街上，有人在叫卖一束束动人的春花。他们把它叫作"雪下的紫罗兰"，尽管它们的颜色和香味一点儿都不像紫罗兰。事实上，它们是蓝花积雪草。

白桦的树干内，树液重新开始流动。树木也从冬天的沉睡中苏醒过来了。

漂来的生物

在列斯诺耶的公园里，春水哗啦啦地奔跑着。

在一条小溪中，我们的森林通讯员用石头和泥土筑成一道拦水坝，把小溪拦腰切断。你猜会漂来什么？

刚开始只是一些树叶、树枝和木片，过了一会儿，才渐渐开始热闹起来。

你看，这边有一只老鼠从溪底滚了过来。这可不是普通的家鼠，它是棕黄色的，尾巴很短。哦，原来是田鼠。大概这只田鼠去年被冻死了，然后在雪下躺了一个冬天。现在雪融化了，溪水就把它冲到这里来了。

那边远远地漂来了一只黑色的甲虫。它在溪水里挣扎着，旋转着，但是怎么也爬不出来。等到近处一细看，哦，原来是屎壳郎。它呀，最不喜欢水了，可是它是怎么到溪水里的呢？

又来了一个家伙！它有一双长长的后腿，一蹬一蹬的，居然自己游到水潭里来了。你猜它是什么？没错，是青蛙！它最喜欢水了，看到这边有池塘，就欢天喜地地跑来了。它在水里畅快地游了一阵子，接着从水里跳上了岸，蹦蹦跳跳地就钻到草丛里了。

最后游来的家伙，是水老鼠。它的毛是褐色的，跟家鼠很像，但尾巴要短得多。在去年秋天，它储备了很多粮食过冬。现在春天来了，冬粮也吃完了，于是它就钻出地面来寻找食物。

款冬

小丘上，早早地出现了款冬的一丛丛细茎。有的苗条细长，高高地昂着头；有的短粗肥硕，紧挨着高茎；还有的耷拉着脑袋弯着腰，一副弱不禁风的样子。

这些茎都是从地下的根状茎上长出来的。从去年秋天起，这段地下的根茎里就储存了养料，用以满足生长、开花期间所需要的营养。

要不了多久，每丛茎的顶端都会绽放出一朵黄花。确切地说，不是花，而是花序，是许许多多彼此挤在一起的小花。

等到花儿凋谢的时候，地下的根茎就会长出叶子来。这些叶子的任务，就是使根茎里储存起新的养料，等待来年的春天。

■尼·巴甫洛娃

野天鹅从上空经过

在晨光熹微的清晨，人们大多还在睡觉，街上和路上寂静无声。突然，从天上传来了一些粗粗的喇叭声："克尔鲁——鲁鸣！克尔鲁——鲁鸣！"格外清晰。

大伙儿都觉得很惊奇。这是怎么回事呢？

抬头往天空看，一大群脖子长长的白色大鸟，排着队，从云朵下面划过。

这是一群列队飞行的野天鹅。

每年春天，它们都会经过我们城市的上空，一边飞，一边响亮地叫着："克尔鲁——鲁鸣！克尔鲁——鲁鸣！"仿佛空中有人在吹喇叭。

但是，在车水马龙的城市中，乱七八糟的噪音很多，使我们平常很难能听见它们的叫声。

这些野天鹅正忙着飞到北方的科拉半岛去，或者到阿尔汉格斯克附近，或者到北杜味拿河两岸，去那儿做巢、孵蛋。

来自森林的第三封电报（急电）

云杉下的积雪忽然不知被什么东西拱了起来，紧接着，露出一个棕色的野兽脑袋。

原来是一只母熊钻出洞来了。

跟母熊一起钻出来的，还有两只小熊。

只见母熊张开大嘴，缓慢地打了个大哈欠，然后慢悠悠地向森林走去。第一次出洞的小熊，活蹦乱跳地跟在后面。毛茸茸的它们好奇地张望着四周，还在雪地上打起了滚。

结束冬天漫长的睡眠之后，母熊饿得饥肠辘辘，所以它在森林里到处寻找食物。细树根呀，枯草呀，半腐烂的浆果呀，都是可以用来充饥的。当然，最好的还是遇到一只小兔子，或是其他的什么小兽。

发大水了

云雀和椋鸟在唱歌。

冰越来越薄，越来越薄。终于，"咔嚓"一声，水冲破了冰面，漫过沼泽里的草墩，冲到宽阔的田野里来了。春水泛滥了起来。

田野里的积雪被太阳晒化了，露出下面碧绿碧绿的小草。

在春水泛滥之处，出现了第一批野鸭和大雁。它们纷纷从南方飞回来了。

第一只蜥蜴从树皮下钻了出来，爬到树墩上晒太阳。

动物在水灾里遭受的损失，我们将用飞鸟传信，在下一期《森林报》上报道。

■森林通讯员

农庄生活
春水被留了下来

融化的雪水到处奔流，流到田里，冲来冲去，想沿着沟渠流到下一块凹地里去。

集体农庄里的庄员们可不同意，田里刚播下的庄稼现在急需喝水呢。他们用积雪在斜坡上筑了一道结实的横墙，拦住雪水的去路。

于是，雪水就被留在了田里，慢慢地往土壤深处渗。

田里的庄稼很高兴，它们能感觉到，根下就是那期盼了许久的水，在紧紧地围绕着自己。

新生的小猪崽

昨天晚上，农场猪舍里，9 位猪妈妈生下了 100 只小猪崽。这些小猪崽个个肥头大耳，结实得很。这真是让人兴奋不已的好消息！猪妈妈现在焦急地等待着饲养员将这些小家伙送去吃奶呢。

马铃薯搬家了。它们刚住进温暖的新房子里。以前那冰冷的仓库，让它们吃了不少苦。最近它们忙着发芽，为不久之后回到亲爱的土地里做准备。

绿色新闻

这几天，蔬菜铺子里可以买到新鲜的黄瓜了。没错，就是黄瓜。你肯定纳闷，现在还是初春，怎么会有新鲜的黄瓜呢？不会是假的黄瓜吧？

这些可不是假黄瓜，而是货真价实的黄瓜。它们是在温室里培育出来的。用人工控制室内温度，取代太阳；用人工进行授粉，取代蜜蜂。利用温室，可以随时吃到新鲜的蔬菜瓜果。这就是科技带来的方便之处。

田野上的积雪融化了，露出一片青翠的绿色。远看，那是一些细瘦的小草，密密地分布着。近看之后恍然大悟，这原来是去年秋天播下的小麦。冬天，它们在白色的雪被子下睡觉。雪化了，它们就探出头来。

可是，地上还没有完全解冻，泥土里的养料也不多，该怎么办呢？别担心，农夫们早就预备好了。草木灰、厩粪、禽粪、营养盐类，足以满足小麦们的生长需求。不久，就会有小飞机把这些养料从空中撒下去，保证每一棵小麦苗都能苗壮成长。

■尼·巴甫洛娃

森林小剧场
琴鸡交尾场

列宁格勒的春天，天黑得要比冬天迟，即使到了夜晚，天色还是明亮的，可以把周围看得清清楚楚。这叫作白夜。

在一个这样的白夜里，森林里的一块很大的空地上，正上演着一出精彩的戏剧。

一些身上带有麻斑的雌琴鸡，有的在地上吃东西，有的蹲在树枝上。它们都是跑来看热闹的热心观众。

瞧，一只雄琴鸡从空中落到空地上。它浑身乌黑，翅膀上有几道白色条纹。它的到来宣告着好戏的开场。

只见它那两只黑溜溜的眼睛左右打转，敏锐地环顾周围。接着，它把脖子弯到地上，把翅膀拖在地上，张开华丽的大尾巴，嘴里发出叽里咕噜的声音，好像在说："我要卖掉皮袄，买件新大褂，买件新大褂！"

"笃！"又一只雄琴鸡飞到交尾场上来了。

"笃！笃！"一只又一只的雄琴鸡落到地面上来了。它们用结实的脚爪刨着土，蹬得地面咚咚发响。

没想到居然有这么多家伙向它挑战。第一只雄琴鸡发怒了，浑身的羽毛都竖了起来。它的脑袋贴在地上，尾巴像把扇子一样打开。"揪唬，费！揪唬，费！"这是发出挑战的声音，它的意思是："这是我的场子！你们谁有胆量，那就过来比画比画！"

顿时，"揪唬，费！揪唬，费！"此起彼伏。二三十只雄琴鸡都做好了随时打架的准备。

雌琴鸡们，啄食的继续啄食，蹲着的继续蹲着，满脸的漠不关心。事实上，这出好戏明明是为它们而演的。自古美女配英雄，只有勇敢有力、热情似火的雄琴鸡才能赢得它们的芳心。所以，此时此刻，它们正在用眼角仔细地观察着。

雄琴鸡们把脖子弯到地上，一点一点地靠拢起来。

其中两只先碰了头，张开翅膀，嘴对着嘴，各自朝对手的脸上啄去。接着又纵身蹿了起来，扑打着结实的翅膀，噼里啪啦，在空中扭作一团。然后一起摔在地上，向两边跳开。但挑战还在继续，它们又双双蹿起，继续它们的争斗。

此时，雌琴鸡们早已不再装模作样，个个伸长脖子、睁大眼睛，紧张地关注着勇士的一举一动。

这里是激烈的搏斗，那边也是猛烈的斗争。交尾场里好不热闹。

不少雄琴鸡败下阵来，有的翅膀上的硬翎折断了，有的脸上被啄出了血。但勇敢者们的好戏还在继续上演。

天渐渐地亮了，东边的云彩慢慢地有了颜色。戏也渐渐地进展到高潮。

过了许久，冠军终于产生了！第一只飞来的雄琴鸡获得了胜利！

雌琴鸡们个个高兴地扑着翅膀。要是它们会鼓掌，肯定能听到为冠军庆祝的热烈掌声。

等到太阳升到森林上空，戏散场了，观众们也都飞走了。

明天，好戏将在空地上继续。

八方来电

注意！注意！

这里是列宁格勒《森林报》编辑部。

今天是春分，3月21日。这一天，白昼和黑夜一样长。今天，我们和全国各地共同举行一次无线电广播通报。

东方、南方、西方、北方，请注意！

苔原、森林、草原、山岳、海洋、沙漠，请注意！

请你们介绍介绍，你们那儿目前的情况。

这里是北极

经过一段漫长的黑暗，我们这里今天终于看到了太阳！

第一天，太阳从海平面上只露出一个头顶，只几分钟，就不见了。

过了两天，太阳探出半个脸。

又过了两天，太阳才整个地从海平面上升起来了。

我们这里只有严寒与风雪，水面和陆地上都覆盖着厚厚的冰雪。那是冬天送给我们的礼物。北极熊还在它们的洞里香甜地睡着，等待着温暖时节的到来。

这里是中亚西亚

我们这里，桃树、梨树、苹果树正在开花。扁桃、干杏、白头翁和风信子的花，都已经凋谢了。土地里已经种完了马铃薯，棉花的种植正在开始。防风林的栽种工作也开始了。

在这边过冬的乌鸦、秃鼻乌鸦和云雀，都飞往它们北方的故乡去了。家燕、白腰雨燕已经飞来，它们要在这边度过整整一个夏天。在树洞和土洞里，红色的野鸭已经孵出了小野鸭。天生会游泳的小野鸭刚出生就跳出窝，在水里面自由自在地玩耍着。

这里是远东

在冬眠之后，我们这里的狗，已经苏醒过来了。

当然，它不是家狗，它是浣熊狗，因为长得像美洲的浣熊。它的个头比狐狸小一点，短腿，棕色的毛又密又长，整个耳朵都藏在里面。在冬天，它像熊一样钻进洞里去冬眠。现在它睡醒了，开始捕捉老鼠和鱼。

在南方的沿海地区，我们开始捕捉比目鱼。这是一种身子扁扁的鱼。

在乌苏里边区的原始森林里，小老虎降生了。这会儿它们都已经睁开了眼睛，正在跌跌撞撞地学习走路。

我们在耐心地等候喜爱旅行的鱼儿。每年春天，它们都会从遥远的海洋里游到我们这儿来产卵。

这里是乌克兰西部

我们正在田地里播种小麦。

白鹳这种候鸟从非洲的南部飞回来了。它们衔来大大小小的树枝，放在屋顶的车轮上，开始做窝了。当然，这些车轮是我们放上房顶的，因为我们很喜欢白鹳在我们的小屋顶上住下来，成为我们的邻居。

我们的养蜂人最近很焦虑，因为金黄色的蜂虎飞来了。要知道，虽然这些小鸟儿羽毛很靓丽，样子也不错，但它们最爱吃蜜蜂。这让养蜂人很头疼。

这里是雅马尔半岛

我们这儿还在冬天的怀抱之中，没有半点春天的气息。

苔原上，一群群驯鹿用蹄子把积雪扒开，敲破冰块，遍地找青苔吃。它们真是饿极了。

在列宁格勒，你们把秃鼻乌鸦飞来的那天当作春天的开始；而在我们这儿，把乌鸦飞来的那天当作春天的开始。我们称之为"乌噢尔恩嘉亚烈"节，也就是"乌鸦"节。它是每年的4月7日。忘了说，我们这儿压根就没有秃鼻乌鸦。

这里是诺沃西比尔斯克原始森林

我们这儿是在原始森林带中。这种原始森林带，东西横贯了我们的国土。

这儿的春天，是从寒鸦飞来的那天开始算起。寒鸦也是候鸟，不在我们这里过冬。每年春天，它们都是最先飞来的。

一到春天，天气就突然暖和起来，从严寒的冬天一下子切换到舒服的春天。但是这里的春天很短暂，一晃眼就过去了。

到了夏天，我们这里才会有秃鼻乌鸦。

这里是外贝加尔草原

一群群的羚羊，正动身往南走。它们要前往蒙古，那里有更加鲜美的青草和辽阔的草原。

对它们来说，前几个融雪天是巨大的灾祸。白天雪融化成水，夜晚气温下降，水又冻成冰。平坦的草原整个变成了一个光溜溜的溜冰场。它们光滑的蹄子在冰上很容易滑倒，根本站不住，一滑倒就"扑通"一声，整个扑倒在冰面上，四条腿往四个方向跑。

可是，在这寒春时节，狼和其他猛兽对这些羚羊虎视眈眈。无论怎样，它们都得依赖那四条追风腿保全性命呀！

这里是高加索山区

春天来到我们这里，先是到海拔低的地方，然后一步一步地往山顶上爬，从下往上地把冬天赶到山顶上。

当山顶上还在下雪的时候，山下的谷地里正下着雨。融化了的春水汇入小溪、小河，水位上涨，漫上河岸。湍急而浑浊的河水一路上势如破竹，冲刷着两岸的泥土，浩浩荡荡地向大海里奔流。

在山下的谷地里，春花开放了，树梢上的绿叶舒展开了。春天独有的青翠颜色画满了阳光充足的南山坡，并一天一天地往山顶上蔓延。

鸟类、啮齿动物和食草的野兽，都跟着春天青翠的裙摆向山顶进发。狼呀，狐狸呀，森林野猫呀，甚至雪豹呀，也都追随着动物们的脚步，跑到山上去了。山上也越来越多地出现绿色的植物。

面对春天的追赶，冬天一点点退到山峰的最高处。一切的生物也都跟着春天上山了。山区穿上了美丽的春装。

这里是北冰洋

大大小小的冰块和冰原，在洋面上陆陆续续地向我们这里漂来。

冰上面，躺着一些格陵兰雌海豹。它们的身子是浅灰色的，两肋是黑色的。它们将在这寒冷的冰上生下可爱的小海豹们。

小海豹们浑身穿着雪白色、毛茸茸的棉衣，它们的鼻子和眼睛都是黑色的。它们要在冰上躺很久，在学会游泳之前都不能下水。

它们的爸爸在哪呢？

黑脸黑腰的雄海豹，现在也先后爬上冰面。它们身上淡黄色的硬毛正在脱落。没错，它们是在换毛。它们得在冰原上躺一阵子，直到毛换完为止。

这里是黑海

在我们这儿，没有土生土长的海豹，倒是偶尔会有来自地中海的海豹。它们游过博斯普鲁斯海峡来到这里。很少有人能有幸看见这种海兽。因为它只从水里露出大约三米长的乌黑色的脊背，只出现一会儿，之后就消失得无影无踪。

这里还有活泼善良的海豚。它们在水里快速地游着，有时在水面上翻腾，有时还会一只跟着一只从水里蹿出来，在半空里翻跟头，留下一道亮晶晶的美丽弧线，然后重新回到大海里。

这里是里海

里海的北部海岸有冰，所以我们这里有很多海豹的洞穴。

雪白的小海豹已经长大了。它们换过了几次毛，先是变成深灰色的，然后变成棕灰色的。眼下，海豹妈妈越来越少地从冰窟窿里钻出来。再过一段时期，小海豹们就得断奶了。

海豹妈妈们也开始换毛了。在这之前，它们要去寻找海豹爸爸们，跟它们一块儿换毛，穿上新装。它们有时躺在冰块上，有时躺在浅滩上，有时躺在沙洲里。

里海里的鲱鱼、鲟鱼、白鲟鱼等爱好旅行的鱼儿，现在从里海各处游来，成群结队地聚集在伏尔加河、乌拉尔河的河口。它们在焦急地等待着河流上游的解冻。到时候，它们就能声势浩大地逆流而上，回到北方的故乡去产卵。

这里是波罗的海

漫长严寒的冬季就要过去了，愉快的日子就要来到我们这里。这儿的海港相继解冻，逐渐恢复正常的航运。

我们国家的轮船从这些海港里起航，去遥远的地方长途旅行。世界各国的船只，也开始向我们这里驶来。

在芬兰湾和里加湾里，等到冰一融化，鲑鱼、胡瓜鱼、白鱼的数量就会增多。渔民们已经做好捕鱼的准备，跃跃欲试。

这里是中亚西亚沙漠

我们这里的春天经常下雨。天气也不是很热。

到处都会有小草从地下钻出来。灌木丛里也长出了绿色的嫩叶。

睡了长长一觉的动物们，乌龟、蜥蜴、蛇、土拨鼠和跳鼠，迫不及待地从洞穴里钻出来了。屎壳郎、象鼻虫也飞来了。吉丁虫夸张地占据着一整个灌木丛。

黑色的兀鹰，成群结队地从山上飞下来，四处捕捉乌龟吃。它们那尖锐的弯嘴，可以把乌龟肉从龟壳里啄出来。

娇小的沙漠莺、爱跳舞的鹡、各式各样的云雀，这些春天的客人也都飞到这里来了。沙漠上回荡着它们悦耳而嘹亮的歌声。

在明朗的春天，这儿的沙漠变得热闹起来。到处都充满着蓬勃的生机。

亲爱的朋友们，以上就是本次无线电广播通报的全部内容。下一次广播通报，将在 6 月 22 日举行。

下次再会。

NO.2 候鸟回归月

（春季第二月）

4月21日—5月20日太阳进入金牛宫

太阳的诗篇——四月

4月，是融雪的月份。

春天把大地从冰雪下解放出来之后，开始执行它的第二项任务：把水从冰层下解放出来。

山顶上的积雪融化成水，沿着山谷流下来，汇入溪流，再汇入大河。河面解冻了，汇集在一起的春水日夜不停地向前奔流，在谷地上浩浩荡荡地驰骋起来。

在暖湿气流带来的雨水和雪融化成的春水的共同作用下，土地喝足了水，披上五彩斑斓的春衣。森林却还穿着笨拙的银灰色冬装。它们在等待着更适宜的时节。

不过，树干里的树液已经在暗中流动起来，枝头上也抽出了嫩绿色的新芽。土地上的花儿一朵接着一朵地绽放了。

鸟类的大搬家

春天的脚步一临近，候鸟们就陆陆续续地动身启程，离开越冬地，往北方的故乡迁徙。

今年候鸟飞到我们这里来的空中路线，跟去年是一样的，跟几年前、几十年前、几百年前也都是一样的。它们年复一年地遵守着祖先不知什么时候定下的空中路线。

它们的搬家不是自由散漫的，它们有着自己的飞行规矩。比如飞行有严格的秩序，不能横冲直撞；得听从大伙的意见，不能私自离群掉队。

第一批动身的，是去年最晚离开我们这儿的鸟儿。最后动身的，是去年最早离开我们的鸟儿。

去年最晚飞来的，是那些长着靓丽羽毛的鸟儿。它们要等到这里的青草绿叶完全长出来后才能来到我们身边。因为来得太早，光秃秃的树林不能隐藏它们的身影，对猛兽和猛禽来说，很容易就能发现它们。

羽族飞行家的海上长途飞行路线，被称为波罗的海线。路线的一头是昏暗冰冷的北冰洋，另一头是温暖晴朗的南方。

无数的鸟儿列着整齐的队伍在空中飞行，每一支队伍都有自己的队形和行程安排。它们沿着非洲西海岸向北飞行，越过地中海，飞过比利牛斯半岛，渡过比斯开湾，经过一条条狭长的海峡，穿过北海和波罗的海，划过我们城市的上空，然后继续向北飞去。

一路上有数不清的困难和考验在等着它们。潮湿的浓雾遮蔽眼睛，让它们在昏暗里左冲右撞，有的不小心在尖锐的岩石上撞得粉身碎骨。突如其来的暴风让它们措手不及，羽毛被无情地刮断，翅膀在挣扎中受伤，并把它们吹到很远的地方去。

寒冷的气温、食不果腹的长途飞行，考验着它们的毅力与勇气。有的鸟儿经受不住，就死在了半道上。许多的鸟儿不幸死在凶残贪婪的猛禽利爪之下。那些猛禽抓住时机，集合在海上飞行路线的沿途，等着猎物自投罗网。也有鸟儿死在猎人的枪口下。

可是，什么也阻止不了羽族飞行家们归乡的决心。它们穿过浓雾，挨过风暴，躲过猛禽和猎人的追捕，克服重重障碍，飞过几千千米的路程，花费几个月的时间，坚定地向着它们的故乡飞去。

这些候鸟，有的在非洲过冬，有的在印度越冬。扁嘴鳍鹬的越冬地最遥远，是在地球另一边的美洲。它们正在穿越整个亚洲，马不停蹄地向故乡奔来。

戴脚环的鸟

如果你有足够的幸运和耐心，你会发现有一些鸟的脚上戴着小小的金属环。这是为什么呢？这金属环会不会影响鸟儿的飞行？

原来，这金属环是铝制的，质量很轻，不会对鸟类造成负担。

仔细观察脚环，会看到上面标有字母和数字。字母说明了给鸟戴上脚环的是哪个国家的哪个科学机构，数字用来注明科学家是在什么时候、什么地点给它戴上脚环的。这些字母和数字，与科学家的记录本里的是一样的。

这是科学家们研究鸟儿生活的一种方法。他们就是通过这种方法探知鸟类生活的秘密的。比如，我们国家北方某地的某个科学家给一只鸟戴上脚环，后来它在非洲南部，或者印度，或者美洲，或者其他地方，落到别人手里。那人就会把脚环从它脚上取下来，根据环上的字母和数字，把消息寄回当初的科学家手里。这样即使相隔千山万水，也可以知道这只鸟的飞行路线以及飞行时间。

现在，还有科学家在鸟儿身上安装微小的摄像设备，全程记录下它们的整个迁徙经历呢。

林中趣事记

雪下的浆果

融雪的季节里，不论是林中道路，还是村道田埂，都是一片泥泞。雪橇和马车都寸步难移，人们在行走时鞋子上也不得不沾上厚厚的烂泥。

村庄里的孩子们才不在意这些呢。他们的注意力被更有趣的东西吸引了。

森林中的沼泽地边，蔓越橘从雪底下钻出来了。有的还挂着去年秋天的浆果，味道要比新浆果好得多。

昆虫的枞树节

在春风的抚摸下，柳树开花了，枝条上挂着无数轻盈的鲜黄色的小球。远远地看去，整棵树都变得毛茸茸的。

这时的树丛热闹极了，像过枞树节似的。丸花蜂嗡嗡地飞来飞去。苍蝇像喝多了一样东撞西碰。勤劳的蜜蜂在花蕊间辛勤地劳动着，采集酿蜜用的花粉和花蜜。

穿着花衣裳的蝴蝶也加入了节日的狂欢。瞧，这边有一只黄色的柠檬蝶，那里有一只棕红色的荨麻蛱蝶。小黄球上面，还有一只长着黑色翅膀的长吻蛱蝶停在那儿。它正把细长的吸管伸到花蕊之间去寻找甜甜的花蜜。

旁边还有一棵柳树，但上面的小毛球是灰绿色的，比这边要冷清多了。呀，这棵树正在结种子呢！原来昆虫朋友们已经把花粉从小黄球上运送到灰绿色的小毛球上来了。要不了多久，在每一根长长的雌蕊里，都会结出种子来。

■尼·巴甫洛娃

柔荑花序

在溪流的两岸和森林的边缘，绽放着许多柔荑花序。不过，它们不是长在刚刚解冻了的土地上，而是开在被阳光晒得暖洋洋的树枝上。

在白杨树和榛子树上，挂着许多长长的浅咖啡色的小穗。它们就是柔荑花序。

这些花序还都是去年长的。在冰冷的冬天，它们并没有凋落，而是暂时停止了生长，保持着结实的状态。到了温暖的春天，它们继续生长，逐渐舒展筋骨，变得柔软而富有弹力。调皮的你要是把树枝摇一摇，藏在里面的黄色花粉就会落下来，就像天上下了花雨似的。

除了会落花粉的柔荑花序之外，在白杨树和榛子树的树枝上，还有相应的雌花。白杨树的雌花，是褐色的小毛球。榛子树的雌花，跟蓓蕾很像，上面长着粉红色的柱头。每一朵雌花都有好几个柱头，少则两三个，多至四五个。

这会儿树上都还没有长出叶子，风在光秃秃的树枝间嬉戏玩耍。它把那些柔荑花序吹得东摇西摆的，花粉就从这棵树的花序上被送到那棵树雌蕊的柱头上。要是雌蕊顺利地接住花粉，到了收获的秋天，它就会变成白杨树上小小的、黑色的球果，或者榛子树上的一颗颗榛子。

■尼·巴甫洛娃

蝰蛇的日光浴

我们都知道，蛇是冷血动物，会因生活环境的变化而改变体温。冬眠时，它的身子凉凉的。现在春天来了，气温上升了，它就又会恢复活力。

因为天气还很冷，所以醒来的蝰蛇每天早晨都会爬到小树墩上去晒太阳。等身子晒暖和了，它就会变得很活跃。一转眼，它就转身去森林里捕捉青蛙、兔子和田鼠，以及其他的小动物们了。

得小心，蝰蛇是有毒的，可不能随意招惹哦。

蚂蚁爬出来了

在一棵云杉树下，有一个大蚂蚁窝。周围覆盖着去年的老针叶和其他落叶。

雪融化了，蚂蚁们也爬出来晒太阳，接受阳光的洗礼。好舒服的阳光啊！春天又回来了！

又长又无聊的冬眠，让它们现在非常虚弱地躺在窝边上。它们粘在一起，黑乎乎的，一团又一团。

别用小棍儿拨弄它们，让它们好好地休息一会儿吧。

几天之后，它们就得像去年那样开始忙碌地干活了。

还有谁醒了？

在春天的呼唤下，倒挂着睡觉的蝙蝠、扁扁的步行虫、圆圆的屎壳郎，也都苏醒过来了。还有其他的各种甲虫。

叩头虫在阳光下进行着体操锻炼。把它四脚朝天地仰面放着，它就把头"吧嗒"往前一点，跳得高高的，在空中360度转体，然后稳稳地站在地面上。漂亮，10分！

岩石边，蒲公英开出了黄色的花朵。白桦树上冒出了绿色的叶子。

春雨过后，粉红色的蚯蚓从泥土里爬出来看看新世界。潮湿的树根边，长出了娇嫩的羊肚菌和编笠蕈。

池塘里

池塘也在春光里苏醒过来。

青蛙离开了淤泥里的温床，在水里产了卵，一蹦一跳地跳上岸来。

与青蛙恰好相反，长得像蜥蜴的蝾螈刚从岸上回到水里。冬天，它离开池塘，爬进森林，在潮湿的青苔里过冬。

癞蛤蟆也在水里产了卵。但它的卵与青蛙不同：青蛙的卵像一团团小小的西米露漂在水中，每个里面有一个圆圆的黑点；癞蛤蟆的卵是用细带子连起来的，一串串地附在池塘底部的水草上。

公共卫生员

冬天的酷寒和饥饿折磨着所有的林中居民。有些动物挨不过，冻死在冰雪中，被白雪掩埋了起来。

到了春天，雪融化了，它们的尸体就露了出来。别担心，它们不会在那儿躺很久的。因为森林里有公共卫生员，比如熊、狼、鹰、乌鸦，还有各种微生物，会把它们清理干净的。

不一样的春花

林子里现在能找到很多开花的植物了。三色堇、欧洲野菊、荠菜、蓼花、遏蓝菜，还有其他的春花，点缀着春天的土地。

别以为它们跟蒲公英一样，是春天从地底下钻出来的。事实上相反，它们是在去年秋天开着花朵，长着蓓蕾，勇敢地接受冬天的考验而活下来的。即使被埋在雪中，它们也都完好地保全着花瓣和蓓蕾。等到春天的阳光带回蔚蓝色的天空，它们也就重新恢复了生机。那些蓓蕾现在也绽放开来，张着笑脸迎接春光。

你说，它们算春花吗？

■尼·巴甫洛娃

白色的寒鸦

在小雅尔契克村的学校附近，有一只白色的寒鸦。它跟一群普通的寒鸦生活在一起，但是它总是那么显眼，一下子就能被辨认出。为什么会有这样一只寒鸦呢？这个问题困惑了我们很久，连上了年纪的老人们都无法解答。

咨询了科学家才明白，这只白色的寒鸦是色素缺乏症患者。

色素缺乏症是指鸟兽的身体里面缺少染色体。染色体可以使鸟兽的毛发呈现应有的颜色，缺少染色体，就使它们的毛发变成了白色。

　　家畜里面，患色素缺乏症的动物较多，像白公鸡、白老鼠都是色素缺乏症的患者。野生动物里面，患色素缺乏症的动物较少。这只白色的寒鸦就是个例外。

　　按照染色体的缺乏程度，还可以将色素缺乏症分成两种：一种是全白，一种是部分白色。

　　与普通的鸟兽相比，患色素缺乏症的野生鸟兽容易被视为异类。要么被亲生父母咬死，要么被兄弟姐妹攻击，它们的日子过得并不舒坦。而且，作为群体中特别显眼的成员，它们很容易就被猛禽、猛兽盯上。

稀罕的跳伞运动员

　　森林里，一只啄木鸟的高声尖叫吸引了大伙的注意力。

　　枯树上啄木鸟的窝附近，一只罕见的小兽，正沿着树干一步一步逼近。它灰不溜秋的，尾巴不长，耳朵小小的、圆圆的，眼睛又大又凸，跟松鼠有点像，却又不是松鼠。它爬到洞口，往里面瞧了几眼，原来是想吃鸟蛋。

　　啄木鸟当然不会让小兽得逞。它往前一扑，用又尖又硬的鸟嘴当作武器，驱赶着入侵者。小兽眼疾手快地向后一闪。啄木鸟紧追不舍。小兽在树枝间上蹿下跳，越爬越高。啄木鸟也跟着忽高忽低，越飞越高。

到树干的最高处了，往前可没有退路了。啄木鸟这时蓄势狠狠地啄了小兽一口，小兽赶紧从枝上往下纵身一跳。啊，下面就是大地，它不会掉下来摔死吧？

不，只见小兽在空中张开四只小爪子，身子轻轻地两边摆动，居然滑翔起来，最后像一片棕色的树叶似的飘落到对面另一棵树的树枝上。

难道这是只会飞的松鼠？可松鼠不会飞呀。

哦，原来它不是松鼠，而是会飞的鼯鼠。

它的两肋上有皮膜，四只小爪子张开时就打开了皮膜。借助空气中的气流，它就能在空中滑翔起来。它可真是森林里的跳伞运动员！

■森林通讯员 尼·斯拉德科夫

飞鸽传书

■森林通讯员寄

春水泛滥了

春天在带来温暖与生机的同时，也带来了灾难。

雪迅速地融化，造成河水上涨。春水在两岸泛滥起来，淹没了草墩和低地。

动物受灾的消息从四面八方传来。尤其是那些住在低处和地下的动物们，比如鼹鼠、田鼠、兔子和野鼠，大水冲进它们舒适的家。幸好它们都逃了出来，但无家可归。

每一只动物都在尽力地逃避水灾。可怜的鼩鼱爬上灌木丛，待在那里等待大水的退去。鼹鼠在水里边游边环顾四周，寻找一个干燥的地方避难。

树上的兔子

有一只小兔子，住在河流中心的沙洲上。

它对春水的泛滥后知后觉，直到大水进入灌木丛下的窝里，漫过脚背，它才察觉出异样。这时周围已经是汪洋一片了。它赶紧逃到沙洲的中央去。那里地势稍高，地面还是干的，看起来就像是大海里的一个小岛。

可河水上涨得很快，小岛越来越小，越来越小。不知所措的兔子着急地来回跳跃，从这边跳到那边，又从那边跳到这边。它的水性不好，河水又是冰冷的，要是贸然跳到水里，它肯定是死路一条。

河水继续上涨，小岛还在缩小。兔子发现一棵大树周围还是干的，就赶紧跑到那里。

可是水位还是一个劲地往上涨，树根都被淹没了。兔子只好拼命地往树上跳，试了几次都摔在水里。最后，它总算跳到了最低的树杈上。继续往上爬，终于找到了一个可以暂时安身的地方。

树皮虽然苦涩得难以下咽，但终究还算是可以果腹的食物。这下，小兔子可以不用再担心大水的困扰了。它可以在树上安心地等待大水的退去。

大风变成眼下最可怕的。大风把树吹得东摇西摆的，兔子好几次都差点从树上摔下来。幸好它有尖锐的爪子，能够牢牢地抓紧树干。

就这样战战兢兢地，兔子在树上挨过了三天。

后来，大水终于退去，沙洲重新出现，它才跳下地来。旧窝已经被冲走了，兔子东躲西藏的，晚上在灌木丛里过夜。它决定，等河水变浅的时候，马上搬到岸上去住。

松鼠乘船

林子里的草地被泛滥的春水淹没了。高高的灌木露出水面，像稀稀拉拉的一丛丛水草。

一个渔人划着小船，用袋形网在水里抓鳊鱼。小船小心而缓慢地从灌木丛中穿过。在一根灌木枝上，他看见，有一只怪模怪样的浅棕色蘑菇长在那儿。真奇怪。

他划着船继续往前行进。忽然，那只蘑菇腾空跳了起来，直接跳进了船里，蹲在船头的甲板上。上了船，他才看清，这不是蘑菇，而是一只湿淋淋的松鼠。原本毛蓬蓬的毛，现在一绺一绺地粘在它身上。

好心的渔人没有惊扰这位不速之客，默默地把它送到岸边。松鼠似乎明白他的意图，马上从船里跳上了岸，一溜烟儿钻进了森林。

它是怎么出现在灌木丛上的？在那里待了多久？谁也不知道这些问题的答案。

受苦的鸟类

别以为泛滥的春水不会对鸟类造成影响。事实上，不少鸟儿也成了水灾的受害者。

一只淡黄色的鸫鸟刚在水渠旁边的窝里下了蛋，漫出来的大水一下子就把窝给冲坏了，把蛋也冲走了。可怜的它不得不含着眼泪，另觅佳处。

沙锥住在沼泽地边上。它那尖尖的长嘴可以插到稀泥里去寻找食物，长长的细腿可以像人一样在地上随意行走。

大水淹没了沼泽里的泥地，它只好待在树上，祈祷大水早日退去。它已经好几天没吃东西了，肚子饿极了。如果它飞到别的沼泽地上去求食，领地意识强烈的其他沙锥肯定会不留情面地把它赶走。现在它能做的，只有耐心地等待。

梭鱼

大水漫过两岸的草地，湖里、河里的梭鱼因此在草地上游来游去。

它的头又短又宽，脊背是青灰色的，细长的身体略成纺锤形，像个织布用的梭子，身体两侧还有黑色的竖纹。

它可不是出来玩耍的，它是利用这机会，游到岸上的草地里去产卵的。

等到小梭鱼从卵里孵化出来，它们会跟着退下来的大水一起游回到湖里、河里，跟梭鱼妈妈重聚。

特殊的运输工具

大大小小的河流里，许多的木头在水面上漂浮着，随着河水一起往前流走。

原来，这是聪明的伐木工人在利用流水运输去年冬天砍伐的木材。

广袤的森林里，重型机械无法进入，光靠人力不能把众多的木头及时运走。而河水的力量比人大，速度也比人快，于是那些木材就顺着奔腾的河流开始了奇特的漂流旅行。

在河流汇入大江、大湖的河口，伐木工人做了一道坝，堵住河口。这样，顺流而下的木头都滞留在这里。再把零散的木头编成木筏，就能继续向前运输。

这些漂流着的木头引起了森林里动物们的好奇。青蛙跳上了圆木的一端，左看看，右看看，似乎在思考这些木头从哪里来。懒懒的水獭用两只前爪趴在一根大木头上，嘴里衔着一条鳊鱼，看来它打算跟木头一起去旅行。站在其中一根木头上的松鼠也想去旅行，但眼看着离家乡越来越远，就赶紧跃过一根根的木头，回到岸上来了。

冬天鱼在干什么

在天寒地冻的冬天，鱼在干什么呢？没错，它们中的大多数在睡大觉。

寒冷的气温把河面冻结成冰，但在冰下面的河水并没有结冰，还是流动着的。而且，河越深，河底的水就越温暖。

在去年秋天，鲫鱼和冬穴鱼早早地钻到河底的淤泥里去了，鲟鱼也成群结队地聚到大河底部的坑洼里。鲍鱼过冬的温床是用沙子铺成的。鲤鱼和鳊鱼，把舒适的床安放在长满芦苇的河湾和湖湾的深坑里。

除了上面这些鱼，还有一些鱼冬天不睡觉。有的鱼儿整天游来游去，寻找着食物；有的结伴一起去长途旅行了。

林中大战（一）

森林表面看起来是安宁祥和的，事实上，深入其中，你就会发现森林里无时无刻不充满着激烈的战争。我们的特约通讯员深入前线，从战场上给我们发回报道。

他们首先来到一片古老的云杉林。这里每一株云杉都巍然耸立，高高的树枝上长着浓密的针叶，像一把把巨伞安静地撑着。阳光无法穿透进来，林子里黑黢黢的，一片死寂，还散发着一种潮湿、腐朽的气味，让人窒息。地表上没有其他的绿色植物，也看不到任何鸟兽，只有地衣和灰藓。因为，只有它们能适应这样的生存环境：潮湿、阴暗，没有阳光。

云杉林的旁边，是一片白桦和白杨混长的林子。白桦与白杨很像，不过，白桦是白色的树干，白杨是银色的树干。一扫云杉林里的死寂，这片树林里到处都充满了明亮、自由的气氛。阳光透过树叶间的空隙洒下来，草地上和树干上光影斑斓。鸟儿在枝头上唱歌，兔子和刺猬在树根边穿来穿去。风吹过，白杨发出沙沙的声音，白桦也没有闲着，它们一起在风中大声地欢唱。

在两片林子之间，有一块空地。之前也是树林，去年冬天伐木工人在这里采伐木材，如今只剩下一个个光秃秃的树墩。春天这里就变成了战场，两边的树木都在抢夺这一块空旷的种族居住地。通讯员在空地上搭了个帐篷，打算见证这场林中大战。

还是云杉抢先了一步。在一个温煦的早晨，它们的球果终于在阳光下晒热，"砰"的一声，裂了开来。鳞片张开了，从里面飞出许许多多的种子。借助风的力量，这些长着一个扇形翅膀的种子，变成了一架架小小的滑翔机，向着空地的方向，乘风前进。但种子是有重量的，轻风不能送它们远航，强劲的大风才能帮它们更顺利地占领空地。几天之后，云杉的种子终于完全地占领了空地。

在云杉向空地遣送一批批的小滑翔机时，白杨树还在开花。那藏在柔荑花序里的种子，才刚刚开始成熟。

日子过了一个月。云杉树林里，针叶从嫩绿转为墨绿，枝头上挂满了黄色的柔荑花序。新的球果正在孕育中。

春雨和春水使那些降落在空地上的云杉种子逐渐吸饱了水分，阳光催促着它们生长。

这时候的白桦却还没有开花。看样子，它已经失去了抢夺的资格。

真的是这样的吗？

下一期的《森林报》将继续追踪报道。敬请期待！

农庄生活
春播开始了

雪刚融化不久，庄员们就驾驶着拖拉机，到田里去耕地、耙地，清理掉碍事的树墩，为春播做着准备工作。

拖拉机在前面"突突"地跑过，后面紧跟着一群鸟儿。黑里透蓝的秃鼻乌鸦，灰色的乌鸦，腰身是白色的喜鹊，个个背着翅膀，大模大样地走在被翻起的泥土上。你可能会认为它们在散步吧？错了，它们在忙着寻找食物。甲虫、蛆虫和蚯蚓，被拖拉机翻出地面，在鸟儿眼里，都是美味的点心。

而在江、河、沼泽、湖泊附近，白色的鸥鸟跟在拖拉机后面，取代寒鸦、秃鼻乌鸦的位置。鸥鸟们也是在寻找泥土里的可口食物。

土地平整完之后，轮到播种机大显身手了。它把事先选好的作物种子装在兜里，一边跑，一边把种子均匀地撒到泥土里。

在我们这儿，亚麻是春天最早开始种的，其次是小麦，然后是燕麦。黑麦和大麦，是秋天播下的。现在，它们早就蹿得很高了。

草丛里的大马车

每天早晨和傍晚，草丛里面都会传出一阵叫声："契尔尔——维克！契尔尔——维克！"仿佛有一辆看不见的大马车在慢悠悠地走。

这是灰山鹑的叫声。它的眉毛是红色的，两颊和颈部是橘黄色的，灰色的羽毛上有白色的花斑，脚是黄色的。它喜欢住在草丛里。雌山鹑躲在草丛里的某处，已经建了温馨的小窝。

牛背上的医生

草场恢复了绿色。天蒙蒙亮的时候，伴随着嘈杂的"咩咩""哞哞"声，牧童们就把牛群、马群、羊群赶到草场上去了。新鲜的青草，是它们最爱的食物。

不过，在牛、马走上草场之前，得过农庄的理发师这一关。他们要及时地把它们的四只蹄子都刷干净、修理好。这样，多余的指甲就不会对牛、马造成伤害。

在草场上，大多数时候都能看到牛背和马背上，站着一些有翅膀的勇士。有时是寒鸦，有时是秃鼻乌鸦。它们在牛背、马背上自得地站着，用嘴巴东啄啄、西啄啄。奇怪的是，牛和马对鸟儿的攻击并不反感，而是由着它们，只顾自己埋头吃草。

哦，这些鸟儿是医生。它们在啄吃藏在牛毛、马毛里的虫子，比如牛皮蝇、马虻的幼虫，以及苍蝇在牛、马擦破的皮肤上产的虫卵。这样，牛和马就不会再受虫子的困扰了。

蜜蜂也醒来了

肚腩肥硕的丸毛蜂、细瘦腰身的黄蜂，都醒来了，在春光里飞舞。

金黄色的蜜蜂也该到苏醒的时候了。它们躲在藏蜂室和地窖里，度过了一整个冬天。现在，它们回到了暖洋洋的养蜂场上。

新的养蜂场临近果园。远处飘来的芬芳花香，吸引着它们一只一只地从蜂房里爬出来。它们在蜂房前伸伸懒腰，活动活动筋骨，之后，纷纷张开翅膀，精神抖擞地开始了今年的第一次采蜜。

不过，它们还有点不大熟悉这个陌生的新环境。于是，它们先在蜂房上空跳舞，设法记住养蜂场所在的位置，然后才飞往远方。

马铃薯的节日

今天是马铃薯最开心的日子，因为，它们回到阔别已久的田里去了。

兴奋得几乎一夜没睡的它们，一大早就被庄员们小心翼翼地装进木箱里，用汽车运走。

木箱里，每一个马铃薯都长出了粗壮的芽。芽尖上，长着很小的绿色的叶子，还没有完全舒展开。等它们被埋进土里，这些小叶子不久就会变成大叶子，芽们也会变成一棵棵绿色的小马铃薯苗。

如果马铃薯会唱歌，你们肯定能听到它们那充满喜悦与希望的曲子。

提醒一句，出芽了的马铃薯里面含有马铃薯毒素，千万吃不得。

奇怪的芽

马铃薯出芽了，有些黑醋栗上面也长出了奇怪的芽。这些芽像气球一样胀着。有些张开了的芽，从外观上看上去，有点像甘蓝叶球，不过小得多。

把它放在放大镜下面，一看，差一点把我们吓死，里面满满的全是一堆让人生厌的虫子。

这是黑醋栗最可怕的敌人——扁虱。没想到，它居然躲在芽里面过冬。正是它，造成这些芽异常地胀大，不但把芽全毁了，而且还会导致整棵黑醋栗都不能结果实。

该怎么处理黑醋栗上这些异常的芽呢？

要是膨胀的芽不多，得趁扁虱还没有爬出来的时候，赶紧把芽全部摘下来，彻底烧掉。要是膨胀的芽多得无法清理，那么，这棵黑醋栗只好整棵烧毁，别无他法。

城市之声

植树节

4 月有一个盛大的节日，那就是植树节。

校园中、公园内、农场里、山坡上、池塘边，都挖出了一个个大大小小的坑。大人和孩子集体出动，扛着锄头，拎着水桶，抱着树苗，大家都加入到庞大的植树大军队伍中。

你种苹果树，我种柳树，他种白杨树，种完了一棵又一棵，忙得不亦乐乎。

温暖的春季，正是树苗生长的好时节。期待它们早日长成参天大树。

■列宁格勒塔斯社

春日的派对

温暖的时节催促着果园和公园里的树木抽出新叶子。更多的蝴蝶登场了，参加春天的派对。

瞧，那边飞来了一只优雅地扇着翅膀的褐色蝴蝶，还带有浅蓝色的斑点，末梢是白色的。那是长吻蛱蝶。

又来了一只蝴蝶。从外表上看，很像荨麻蛱蝶，但是体型略小一点，翅膀上的颜色也没有那么鲜艳。它那淡棕色的翅膀上有很深的锯齿状缺口，好像被人故意扯破了一样。用网兜捕捉来一只，仔细观察，它翅膀的下部有一个白色的字母"C"。原来这是莿蝶。

再过一些时间，小粉蝶和大白蝶也要华丽地登场了。

七鳃鳗

在苏联的各种河流里，生活着一种奇怪的鱼。

它又窄又长，没有鱼鳞，光溜溜的，鱼鳍只长在背上和尾巴附近，嘴是漏斗形的吸盘。游动时，身体一弯一扭的，乍一看还以为是条蛇。它的名字叫七鳃鳗。

它有好几个别名。因为它眼睛后面各有 7 个腮孔，于是又叫七孔鳗。这之前，有人把它的眼睛也误当作腮孔，所以也称呼它为八目鳗。

它还叫石吸鳗。凭借吸盘似的嘴，它有时会吸附在水底下的石头上，然后不断扭动身体，竟然把石头都搬动了。真是看不出来，在它小小的身体里还蕴藏着这么大的力量。把石头搬开之后，它会在石头遗留下的坑洼里产卵。

还没长大的七鳃鳗很像泥鳅。调皮的孩子们经常把它当作鱼饵，用来钓鱼。

七鳃鳗也有调皮的时候。它把吸盘附在大鱼身上，就跟着大鱼一起在水里旅行。大鱼对此无可奈何，它们怎么也摆脱不掉这个黏人的家伙。

街上的朋友

乘着春风，燕子回来了。

在列宁格勒，生活着三种燕子：一种是最常见的家燕，它穿着黑色的燕尾服，戴着火红色的领结；一种是金腰燕，尾巴比家燕短，领结是白色的；还有一种是灰沙燕，个儿最小，羽毛是灰褐色的，胸脯上长着白白的茸毛。

家燕在木屋的屋檐下做窝。金腰燕的巢，大多搭在石头房里。灰沙燕的窝最惊险，它在悬崖的岩洞里孵化小燕子。

在燕子飞来之后，过了很长一段时间，雨燕才慢腾腾地回来。雨燕和燕子很像，浑身乌黑，个头也差不多。不过，燕子的翅膀是尖角形的，雨燕的翅膀是半圆形的。还有一个简单的方法区分燕子和雨燕：雨燕是安静不下来的家伙，它们整日整夜地发出刺耳的尖叫声。

蝙蝠开始在每天傍晚出现在空中，绕着圈子。它们丝毫不理会过往的行人，专心追捕着苍蝇和蚊虫。

令人讨厌的蚊子这会儿也出来了，在街上四处游荡。

鸥出现了

开冻后的涅瓦河畔，飞来了一群鸥。

它们是熟客，一点也不害怕轮船汽笛的轰鸣和城市的喧闹。当着人类的面，它们自如地在水里捉小鱼吃。它们对这一切早已习惯，早就学会了如何与人类、与城市共处。

在空中飞累了，它们就落到铁皮房的屋顶上，歇歇脚。

在人们的眼中，它们成为这里的风景。

太阳雪

你们肯定见过太阳雨，那有没有见过太阳雪呢？

5月20日的早晨，前一刻天空中还高高地挂着明亮的太阳，后一刻居然飘起了雪花。晶莹剔透的雪花，轻飘飘的，在空中优雅地跳着回旋舞。一落地，它就融化了。

雪花呀，你是不是舍不得离开我们的冬天特意洒下的？很遗憾地告诉你，我们更喜欢温暖美丽、充满生机的春天。

■森林通讯员 维利卡

公园里的布谷声

五月初的一个清晨，郊外的公园里响起了今年第一声"布——谷"。

是布谷鸟！它在用歌声宣告着自己的出现！

一周以后的晚上，它在灌木丛里开了一个庆祝归来的音乐会。起初是轻声细语地揭开序幕，接着越来越响，后来直接扯开嗓子大声地鸣叫起来。清脆动听的叫声直冲云霄。

NO.3 载歌载舞月

（春季第三月）

5月21日—6月20日太阳进入双子座

太阳的诗篇——五月

在 3 月和 4 月，春天分别解放了土地和河水。在 5 月，春天开始做第三件大事：给森林换上美丽的春装。

在北部的国土上，春天的温暖和光明，终于战胜了冬天的严寒和黑暗。

土地苏醒，大水退去，阳光和雨水的浸润，使一切生物萌生出无限的活力，热闹非凡。森林里最欢乐的时刻——载歌载舞月——正式开始啦！大家都在歌唱，都在跳舞。

天地之间广袤的空间都是舞台。树木纷纷穿上了绿色的衣裳，和着风的韵律，树叶"沙沙沙""哗哗哗"作响，它们在歌唱。各式各样的鸟类在枝头应和，昆虫在草丛间打着节拍。

白天，蜜蜂和蝴蝶在花朵间起舞；家燕和云雀在空中练习交谊舞；雕和鹰早晚有规律地在天上盘旋；晚上，蝙蝠和蚊母鸟是空中舞池的主角，会飞的昆虫也纷纷加入。

这是充满着欢声笑语的 5 月。

我们也叫 5 月为"嗨"月。你知道这是为什么吗？

因为 5 月的气温很难定义，既不算温暖，也不算凉快。白天有阳光的照射，是温暖的。夜晚气温下降，嗨，别提有多冷了。有时白天的太阳太灼热，不得不躲在凉快的树阴下。有时夜晚得给马厩里的马铺上稻草，给自己的床铺上增加被子。嗨，5 月就是这么善变！

忙碌的五月

森林里的音乐会日渐减少了，舞会也慢慢地减少了。

林中居民们都忙碌得很。有的想好好展示自己的勇敢、力量，到处找人打架；有的在操心做巢和孵蛋。它们都没有时间来光顾音乐会和舞会了。

5 月，是春天的最后一个月。动物们都想抓住春天的尾巴，尽情地享受春光。

林中趣事记

林中音乐会

在 5 月，不论是清晨还是黄昏，森林里所有的动物都在快乐地歌唱。林中音乐会一场接着一场。

鸟儿是名副其实的优秀歌者。树枝是它们主要的舞台。有时是独唱，有时是对唱，有时是合唱。不论白天与黑夜，鸟儿的歌声从不停歇。

莺、燕雀和鸫鸟，用清脆的嗓音担任着主唱角色，黄鸟和白眉鸫在一旁吹着悠扬的笛子。啄木鸟在用枯树干，"笃笃笃"地打着小鼓。麻鳽把长长的嘴伸到水里，使劲一吹，水里顿时冒出好多气泡，"布鲁布鲁"。猫头鹰是忠实的合唱团，"呜呜呜""呜呜呜"，为其他鸟儿和声。

沙锥更是别出心裁地用尾巴唱歌。当它从高空快速地俯冲下来时，它的尾巴会发出"咩咩"的声音，仿佛天上有只羊在叫。

森林里还有其他的歌者，它们各有各的乐器，各有各的曲调。

草丛里，甲虫和蚱蜢弹着吉他。蜜蜂在花瓣间"嗡嗡"地响着。青蛙在池塘边"呱呱"地叫着。松鼠在树枝上"叽叽"地蹦跳着。狼在深夜尽情地号叫着。乌鸦"哇哇"地从树梢掠过。鹰也不甘落后，用翅膀在空气中发出"嗖嗖"的声音，它当然也会用嘴发出声音，但没有百灵鸟那样的好嗓子。

地面上的小客人

当树林还是光秃秃的时候，春天的阳光可以不受阻碍地直接照射到地面上。在乔木和灌木下，顶冰花正开着金星似的花朵。

一旁的紫堇也娇羞地开着。它的叶子是青灰色的，形状略似三角形，边缘有锯齿状分裂；花朵是奇妙的淡紫色，一束一束地排列在茎的尖端。

现在，树上长出了繁茂的新叶，阳光被挡在了浓密的树阴之上。顶冰花和紫堇的黄金时代已经结束了。不过没关系，反正它们已经做好了回家的准备。

它们的家在地下。它们是应太阳的邀请，才到地面上来做客的。种子一播下，它们就得结束短暂的做客，消失得无影无踪。但是，球茎和块茎，作为它们的能量之源，会在深深的地下香甜地睡着觉，度过夏天、秋天和冬天。明年的春天，又能准时地在地上见到它们。

如果你想邀请它们到家里做客，就得趁它们的花朵还没有凋谢的时候，连同它们的球茎和块茎一起从泥土里挖出来。小心别扯断它们的地下茎。在移植的时候得注意泥土的厚度。在有冻土的地方，这些小客人的球茎和块茎要躺在很深很深的泥土里。要是气候够暖和，它们就可以离地面比较近。别弄错哦。

■尼·巴甫洛娃

田野里的对话

我和同伴去田野里除草，一路上说说笑笑。春天的田野姹紫嫣红的，真美啊！

忽然听见草丛里有一只鹌鹑在对我们说："去除草！去除草！"它可真聪明。

"我们就是去除草的呀！"我笑着回答它。

可是，它还是一个劲地说着："去除草！去除草！"这让我们丈二和尚摸不着头脑。

经过一个池塘。池塘里，有两只青蛙躲在水草丛里，可劲地吵着架。一个说："傻瓜！傻瓜！瓜！"另一个回答："你傻瓜！你傻瓜！"没完没了。

最后，我们终于到达田边。头顶上，几只长着圆翅膀的田凫拍着翅膀欢迎我们："你是谁？你是谁？"

我们回答它们："我们是古拉斯诺雅尔斯克村的孩子。我们过来除草。"

■森林通讯员 库罗奇金

鱼的声音

以前，有人用录音带记录下水里鱼的声音，然后用无线电进行广播。于是，收音机前的听众就从扩音器里听到一些前所未闻的声音：有低沉的"啾啾"，有尖锐的"嘎吱嘎吱"，有莫名其妙的"哼唧"，有悦耳的"咯咯"，还有震天响的"唧唧"。

这是黑海里面各种各样鱼类的声音。

这时人们才知道，水底世界原来并不是寂静的。每一种鱼类都有自己独特的声音，因此，种族之间很容易区分开来。

现在，水底音响收听装置被发明出来。它是个敏感的"耳朵"，可以细微而完整地收集到水下居民的声音。这样一来，我们就可以知道，在什么地方聚集着什么鱼类，它们正在往什么地方转移。利用这只"耳朵"，一方面有利于科学家们深入水中进行研究，另一方面使航海捕捞变得更加便捷。

天然的保护伞

花粉，是花朵里最娇弱的，也是最重要的东西。它关系到种子的孕育。要是被雨水、露水打湿，花粉就会变成废物。而且，每一朵花上花粉的数量是有限的。那么，花粉应该怎么保护自己呢？

覆盆子、铃兰的花朵，都像一个个倒挂着的小铃铛。它们的花粉就藏在里面，倒挂着的花朵就是花粉的天然保护伞。毛茛的花朵也是向下垂着的。

金梅草的花是朝天开的，每一片花瓣都向花心弯着，一层压着一层，形成一个蓬松的小球。没有一滴雨水可以落到里面的花粉上。

凤仙花的每一个花蕾躲在叶子下面。叶子就像屋顶一样，保护着花粉。

莲花和野蔷薇花怎么办呢？它们很机智。野蔷薇花在下雨的时候，会把花瓣闭拢起来。莲花在刮风、下雨的时候，也会收拢起花瓣。这样，雨水就打不进花朵里面去了。

森林之夜

有一位热心的朋友写信给我们编辑部，说："我晚上到森林里去，想听听森林夜晚的音乐会。但是没有想象中的那样精彩。我听到了一些乱七八糟的声音。至于那些是什么动物的声音，原谅我的学识鄙陋。你们能帮我解答吗？"

以下就是他来信中的内容：

"半夜时分，鸟儿逐渐安静了下来。周围安安静静的。

"后来，从高处开始传来一种低沉的声音，类似琴弦声。

起初很小，随后越来越响，逐渐变成一种宏大的低音，然后声音又越来越小，跟刚开始的声音一样，最后消失了。

"我心想：'这是一个不算坏的前奏曲。接下来会是什么样的曲子呢？'

"就在这时，林子里忽然传来一阵惊悚的狂笑：'哈——哈——哈！呵——呵——呵！'让人听得后背发凉。这是在笑话演奏前奏曲的音乐家吗？

"四周又静下来。很久，久得几乎让我怀疑音乐会是不是就此结束了。

"后来，我听见好像有谁在给留声机上发条，'特尔尔，特尔尔……'可是一直没有音乐出来。它们的留声机坏了吗？停了一会儿，又接着上发条，'特尔尔，特尔尔……'没完没了，真让人讨厌。

"又过了一会儿，发条终于上完了。这下总得奏乐了吧？没想到，有谁忽然在鼓掌，既响亮又热烈。不会吧，还没演奏就鼓掌致谢了？我可什么都没有听到啊。

"后来，留声机又上了半天的发条，还是什么音乐都没有奏出来。有人继续鼓掌。太让我失望了。这些就是我听到的那些乱七八糟的声音。"

很高兴，他愿意将听到的声音与大家一起分享。

起初类似琴弦的声音，是一种甲虫从头顶飞过时发出的。

大概是金龟子。

使人听了直冒冷汗的狂笑声，是灰林鸮的叫声。它是夜间活动的猛禽，怪异的叫声总是容易让人联想到不幸的事情。

森林里当然不会有留声机。"特尔尔"，是蚊母鸟从喉咙里发出的。它也是夜间活动的鸟，不过不是猛禽。鼓掌的也是蚊母鸟，那是它用翅膀在空中"啪啪"地拍打着。至于它为什么要拍翅膀，我们也不得而知。可能那天它的心情不错吧。

舞会和游乐园

在沼泽地上，灰鹤们在办舞会。

它们围成一个圈，一两只灰鹤在中间担当主舞。一开始，它们只是用两条又细又长的腿蹦高，热热身。后来，兴致来了，它们越跳越上劲，各种奇形怪状的舞步层出不穷。站在周围的灰鹤，用翅膀打着节拍，不快不慢。尽管没有音乐伴奏，它们依旧跳得很尽兴。

灰鹤头顶的天空里，猛禽正在玩游戏。

游隼特别活跃。只见它们有的张着翅膀稳稳地停在空中，仿佛时间静止了一般；有的在空中一边翻跟斗，一边往地面降落；还有的在做特技表演：将翅膀收拢紧靠在身体两侧，然后从高空中猛地俯冲下来，像一支离弦的箭，快速而锋利，眼看着就要射到地面了，却又在千钧一发的时候张开了翅膀，转了个圈，不紧不慢地向上飞去了。真是一群充满活力的灵活家伙们！

最后飞来的一批鸟儿

5月，最后一批在南方越冬的鸟儿飞回我们这里来了。

正如之前所预料的那样，它们都穿着鲜艳夺目的花衣裳。现在的森林里，树木都长满了郁郁葱葱的新叶，草地上也开满了娇嫩多姿的鲜花。有这么多的障碍物，这些鸟儿不用担心猛禽的袭击了。

翠鸟从埃及长途跋涉而来。它们穿着翠绿、浅蓝和棕色相间的礼服，在彼得宫里的小河边的芦苇上，耐心地寻找着到水面透气的鱼儿。

刚从非洲南部飞回来的金莺，在丛林里快乐地鸣叫着。黑色的脑袋，金黄色的身体，黑色的翅膀带有金黄色和白色的条纹。它的声音很像笛子。

蓝宝石一般的蓝色知更鸟、羽毛五彩斑斓的野鹟，都喜欢住在潮湿的灌木丛里。金黄色的黄鹡鸰，也喜欢住在湿润的沼泽地边，那里能给它们提供充足的食物。它拥有独特的波浪式飞行姿势。

一起飞来的，还有戴着黑色眼罩、胸脯是粉红色的伯劳，脖子上系着蓬松暖和羽毛围脖的五彩流苏鹬，以及翅膀上蓝绿相间的佛法僧鸟。它们紧赶慢赶，终于在春天结束之前回到了这里。

秧鸡也回来了

秧鸡是个奇怪的家伙，虽然有翅膀，却用徒步的方式硬是从非洲走了回来。

它不善于飞行，不但起飞困难，而且飞行速度也不快，根本逃脱不了游隼和鹞鹰的利爪。

不过，它跑得特别快，又特别爱玩捉迷藏。于是，它悄悄地在草丛间和灌木丛里前进，躲过猛禽的眼睛。

只有到了万不得已的时候，它才会选择飞行前进。而且只在夜里。

"克列克——克列克！"你能听见它从茂盛的草丛里发出的叫唤。如果你想把它找出来，看看它的庐山真面目，嘿嘿，做梦吧。不信，你可以试试看！

白桦树的眼泪

森林里，大伙儿都开开心心的，唯独白桦树在掉眼泪。发生什么事了吗？

其实，白桦树没有哭。灼热的阳光，让它体内的树液快速地流动，越来越快，越来越快。有的树液就从树干上的小孔，流到树皮外面来了。

这树液可以喝哦，味道还挺不错的。于是，人们就用刀在树皮上划一道口子，让白桦树的树液沿着口子流出来，流到瓶子里去，当作饮料喝。

但是，对白桦树来说，树液相当于人身体里的血液。如果树液流出太多，白桦树就会干枯，甚至死掉。

松鼠偷荤

猜猜松鼠喜欢吃的食物是什么？松果？蘑菇？都对！松果和蘑菇是它过冬时必备的粮食，它已经吃了一个冬天。

在春天，松鼠想要换种口味。

许多鸟已经在窝里产下了蛋，有的甚至早就孵出了小鸟。鸟蛋和小鸟，对松鼠来说，也是不错的食物，营养又丰富。这不，它正偷偷摸摸地在树枝上和树洞里寻找鸟窝呢。

因此，别以为松鼠只吃松果和蘑菇，是吃素食的可爱小不点，它也会偷偷地吃荤哦。

兰花

在我们这里，因温度和日照的限制，很少能长出兰花。好不容易长出一棵，就成为珍品。

这里的兰花，是奇兰的亲戚。但是，奇兰生长在热带雨林里，落户在高高的树上。我们这儿的兰花，只生长在地面上。

兰花分不同的品种，有的非常美丽，有的却难看得要命。不过，不管哪一种，都香气袭人，让人陶醉。它的根有些奇特，很像一只胖乎乎的小手，张开手指头，似乎要牢牢地抓紧土地。

最出色的兰花，是蝇头兰，生长在罗普萨。乍一看，还以为有五只红褐色的苍蝇停在上面。其实，那是五朵漂亮的花。这是兰花特有的唇形花。柔滑的花瓣上面，还带有浅蓝色的斑点。

走，找浆果去

春天的野外，有许多孩子们最爱的浆果。

在向阳的草丛里，可以找到熟透了的草莓，一颗颗沉甸甸地挂在茎端。它们在阳光的照射下，闪闪发光，让人垂涎欲滴。

红红的覆盆子快成熟了。一棵草莓植株上，最多只能长四五颗浆果，而覆盆子的浆果，多得数都数不过来。味道美极了。最适合和小伙伴们一起分享。

沼泽地边，桑悬钩子正在成熟。长长的茎上，有红色的椭圆球形果子。与草莓、覆盆子相比，桑悬钩子最小气。不仅数量少得可怜，而且并不是每一棵都会结出香甜的浆果，有的只开花。

■尼·巴甫洛娃

这是什么甲虫

有个12岁的小朋友来信，跟我们描述了她找到的一只甲虫：

"我从森林里找到一只甲虫。我想邀请它去我家做客。但是，我不知道它是什么，也不知道它喜欢吃什么。我需要你们的帮助。

"它是圆形的，比豌豆大一点。有点像瓢虫，但又不是。瓢虫的背上是红色的，还带白色的圆点，而它浑身都是黑色的。它有六条腿和一对触须，也是黑色的。背上有一对黑色的翅膀，硬硬的。硬翅膀下面是一对黄色的软翅膀。当它张开两对翅膀时，就飞起来了。

"有意思的是，当它觉得周围危险时，比如我用小木棍逗它，它就会把腿、头和触须往里一缩，藏在身体下面，跟乌龟一样。这时候，它看上去压根不像甲虫，倒是很像黑色的小豆子。过一会儿，如果它觉得安全了，就把腿、头和触须重新伸出来，恢复成甲虫的模样。你们也觉得它有趣吧？"

认真的观察和详细的描写，让我们一下子就知道了这位小客人的身份：它是阎魔虫，别名叫小龟虫。之所以叫小龟虫，有两个原因：一是它爬得很慢，二是它会像乌龟一样把头、脚都缩到甲壳里去。

阎魔虫有好几个品种，有黑色的，有黄色的，还有其他颜色的。有一种黄色的阎魔虫，专门住在蚂蚁窝里。蚂蚁房东非但不会赶它走，而且会保护它，不让它受到天敌的伤害。阎魔虫大都喜欢吃腐烂的植物和厩粪，少数喜欢吃腐烂肉上生的蛆虫。

家燕日记

5 月 28 日。

邻居的屋檐下，有一对燕子开始筑巢。从我房间的窗户，恰好可以看到，正合我意。这样，我就可以全程观察它们是怎样筑巢、什么时候孵蛋、小燕子什么时候出现了。想想都让我高兴。

我发现，燕子筑巢用的建筑材料，是从村庄东侧的河边衔回来的。它们落在临水的河岸上，用嘴挖起小块的河泥，然后衔着飞回屋檐下，把河泥粘在墙上。接着再去挖第二块、第三块……它俩来回地工作着，一刻也不停歇。

5月29日

除了我之外，还有一个旁观者，也在时刻注意着燕子的筑巢进程。那是一只大黄猫。它是个脏兮兮的流浪汉，经常跟别的猫打架。它的右眼在先前的打架中被打瞎了。

它老是用剩下的一只眼瞅着飞来飞去的燕子，又瞅瞅屋檐下的建筑工程，一声不吭。有时还默默地跳上了屋顶。不知道它在心里打什么坏主意。

燕子也发现了不怀好意的大黄猫，一下子惊慌起来，发出凄厉的叫声。猫在屋顶上赖着不走，燕子也停下了筑巢工作。

6月3日

经过几天的努力，燕子做好了鸟窝的底部。好像一把镰刀粘在墙上。大黄猫常常爬上屋顶，吓唬燕子，妨碍它们的筑巢工作。这只猫真让人讨厌！

今天下午，燕子出去之后就一直没有飞回来。

它们怎么了？被猫吓跑了？打算另选安全的地点筑巢吗？一想到它们要离开了，我的心里就觉得好烦躁。

6月19日

今天乌云密布，转眼间就下了倾盆大雨。窗外，屋顶上的雨水顺着屋檐往下流，给房子挂上了一道用雨珠子做成的帘幕。

远处雾蒙蒙的。东边的小河涨水了。河水疯了似的往前跑，冲走了岸上的小草。

自那天起，燕子一直没有回来。墙上的那把镰刀都已经干了。

我怪想念它们的。

6 月 20 日

今天，燕子飞回来啦！而且是一大群！它们在屋顶上盘旋，激动地叫着，"唧唧""唧唧""唧唧"。要是我能听懂它们的语言就好了。

十几分钟之后，它们一下子又都飞走了，只剩下一只雌燕子。只见它用爪子抓住镰刀形状的鸟窝底部，用嘴巴一点一点地修理着鸟窝。也许，它是在用黏稠的涎水，重新让鸟窝变得湿润吧。

过了一会儿，一只雄燕子飞来了。它把嘴里的泥土递给雌燕子。雌燕子接过泥土，涂在镰刀上。雄燕子转身又飞出去衔泥了。

它们肯定是之前的那一对燕子！太高兴了，它们居然回来了！它们没有舍弃这里！

讨厌的大黄猫又来了。可这次，燕子既不叫，也没有停下嘴里的工作。

现在，我可以继续我的家燕日记了。老天保佑，千万不要让大黄猫的坏计划得逞。

■摘自少年自然科学家的日记

斑鹟的巢

5 月中旬的一天晚上，我发现花园里飞来了一对斑鹟。

它们落在板棚屋顶上，就在一棵白桦树旁边。白桦树上有一个人造鸟窝。过了一会，雄斑鹟飞走了，雌斑鹟留了下来。它落到鸟窝上，但没有钻进去。看来，它们是打算在这里住下来。

过了几天，我看到雄斑鹟钻进了鸟窝。之后它飞了出来，停在了苹果树上。

一只朗鹟飞来，想跟斑鹟抢夺树上的鸟窝。于是两只鸟开始打起架来。朗鹟敌不过，铩羽而归。雄斑鹟从鸟窝里钻进钻出，唱着喜悦的歌，庆祝着自己的胜利。

后来，一对燕雀落在白桦的树梢上。这次雄斑鹟没有打架。它知道，燕雀不住在树洞里，自力更生的它们会给自己筑巢，不会跟它抢。

又过了两天，一只麻雀不请自来，跑到斑鹟家里大吵大闹。它也是来抢夺鸟窝的。双方大打出手。一阵骚动之后，忽然安静下来。

我赶紧跑到白桦树下，用棍子敲击树干。麻雀被震动吓了出来，却不见雄斑鸫的身影。雌斑鸫绕着鸟窝转圈，尖锐地叫着。一种不祥的预感浮现在心头：雄斑鸫是不是死了？往鸟窝里瞧，羽毛凌乱的雄斑鸫正躺在窝里，里面还有两颗鸟蛋。

雄斑鸫在窝里待了很久很久才出来。出来时，样子十分虚弱，没飞几步就掉在了地上。虎落平阳被犬欺，它刚落地，几只母鸡兴冲冲地聚集起来追它。我把母鸡驱散，把它带回家里去，喂它吃苍蝇，晚上再把它送回鸟窝。

几天后，我再次去看望斑鸫。

远远地就闻到一股刺鼻的腐烂的气味。雌斑鸫在孵蛋，雄斑鸫靠着墙倒在一旁。腐烂的气味是从雄斑鸫身上散发出的。它死了。我不知道雄斑鸫是怎么死的。是麻雀又闯进来过，还是有什么其他的原因？

当我把雄斑鸫掏出来时，雌斑鸫没有啄我，也没有飞出来。它的注意力，都集中在身下——它到底是把小斑鸫给孵出来了。

林中大战（二）

还记得上一期《森林报》报道的云杉、白杨、白桦抢夺空地的事吗？云杉抢先一步，将种子布满了空地。现在，那块空地上长出云杉了吗？

想知道林中大战的结果吗？请继续往下看：

几场温暖的春雨过后，在一个晴朗的早晨，采伐留下的空地上冒出了一些绿色的小点。

走近一看，压根不是云杉！

莎草、拂子茅，这些不讲道理的草种族，不知在何时偷偷地将种子撒在这片地上，抢在云杉前头长了出来。现在，又多又密的野草大军已经把空地占领了。

小云杉可不会就此放弃，与野草的战争在地面和地下同时展开。地面上，小云杉用枝梢拨开身边的草族，在密密麻麻的野草中间冒出了头。不让步的野草，积蓄力量，拼命往小树上压。地下，野草和树苗的根相互交错，七缠八绕。双方都在死命地压制对方，试图占得先机，抢夺生长必需的水和营养。草根既细长又结实，许多小云杉在地下生生地被勒死，永远无法见到天日。

有的小云杉，好不容易从地底钻出，却被草茎紧紧地缠住。小树苗想挣脱它们的纠缠，可野草死抱着不放。只有在个别地方，几棵小云杉费了好大力气，才蹿到野草大军的上面去了。

当小云杉在与野草酣战时，白桦的种子做好了在空地上登陆的准备。一个个张着白色的小降落伞，从柔荑花序中飞出，抓住风的衣角，飘了过来。在空地上方，它们松开手，缓缓地登陆。它们像雪花一样落在小云杉和野草的战场上。野草和小树正忙着，没时间理睬。它们就悄悄地钻到泥土里面去了。

一天天过去，空地上的战争还在继续。不过，野草终究败下阵来。它们长到某个高度之后，生长就不得不停止下来。小云杉却还在一个劲地继续往上长。而且，小云杉那又多又密的针叶树枝，形成树阴，抢走了野草头顶的阳光。这让野草元气大伤，一个个软绵绵地趴在地上，无精打采的。

小白杨军团登场了。现在，轮到它们来跟小云杉交战了。但是，它们来得太晚了。在小云杉霸道的树阴下，小白杨们不得不缩起身子。没有阳光，它们很快也变得虚弱憔悴了。

似乎，云杉就要获得这战争的胜利了。

这时，数量不少的小滑翔机逼近。又一批伞兵在空地上登陆了。原来是白桦树的种子。它们不甘落后地也加入这空地上的战争。

欲知后事，且看下一期的《森林报》。

农庄生活
劳作总动员

这段时期，集体农庄里的工作可多了，每一个人都在忙碌着。

春播结束之后，庄员们要马不停蹄地把厩粪和化肥运到田里，往土地上施上肥料，准备秋播的土地。

接着，菜园里的作物也要分批次地及时种下，先是马铃薯，然后是胡萝卜、黄瓜、芜菁和甘蓝。

亚麻地里，杂草混迹在亚麻中间，也跟着生长起来。需要花时间给亚麻除草。

孩子们并没有闲着，他们也一起加入劳作的队伍。别看他们小，菜园里、果园里、田野里，都能看到他们的身影。他们虽然有时顽皮，但干起活来时，别提有多能干了。

有的孩子在帮助大人栽种、除草、修剪树枝；有的孩子把白桦树连枝带叶地扎成一束，用来编织白桦帚；有的孩子在草丛间寻找嫩荨麻，用嫩荨麻和酸模草煮成的绿色菜汤，美味得很。

还有的孩子，在溪流边抓鱼。钓鱼竿可以钓上小鲤鱼、鳜鱼、鲈鱼、鳊鱼，用鱼梁可以抓到鳕鱼、小梭鱼，捞网能捕到的鱼就更多了。晚上，更有胆大的孩子结伴去岸边捉龙虾。

雄灰山鹑再也不像以前那样，在草丛里轻率地叫了。雌灰山鹑正忙着在窝里孵蛋。要是它还到处乱叫，指不定会招惹来什么老鹰、狐狸之类，或者是调皮的孩子们。无论哪一个，都不是省油的灯，都能瞬间摧毁鸟窝。为了孩子和家庭着想，它还是收敛点的好。

现在，黑麦已经长到人的腰际了。春天播下的绿色庄稼们，也快速地长高着。

不久之后，就要开始收割庄稼了。到时，孩子们又会大显身手了。他们会纷纷到田里，帮忙捡拾麦穗、捆麦束，边劳作，边成长。

■森林通讯员 安娜

春季造林结束了

在我们国家的中部和西部，春季造林工作圆满地结束了。在大家的共同努力下，新栽下了大概 10 万公顷的森林。

在西部的草原和森林草原地带，各个集体农庄一起劳动，总共开辟了约 25 万公顷的新防护林。与此同时，庄员们还建立了许许多多的苗圃，明年将能供应 10 亿多棵新树苗。

到秋天，林场上还要新造几万公顷的森林呢！

做好事的逆风

亚麻地里长出了不少杂草，跟亚麻苗争夺生存资源。

听完亚麻苗的控诉之后，农庄里的女庄员们立即赶往现场，去给亚麻地除草。

她们脱下鞋袜，光着脚，小心翼翼地挪着步子，生怕一不小心踩伤细弱的亚麻苗。她们迎着风，一面走，一面细心地拔掉碍事的杂草。

亚麻在女庄员的脚下，还是向地面倒伏下去。就快要完全倒在地上了，这时，一阵逆风赶紧用无形的双手，把亚麻从地上扶了起来。亚麻抖了抖身躯，又精精神神地站起身来。

绵羊脱大衣

绵羊依靠着身上厚厚的羊毛大衣，挨过寒冷的冬天。春天，气温逐渐升高，夏天即将来临，这身羊毛大衣已经过时了，是时候得脱下了。

农庄的绵羊理发室里，十位经验丰富的理发师，正在给每一只绵羊剪羊毛。他们用的不是锋利的、咔嚓响的剪刀，而是电推子。它比剪刀要便捷多啦。

原本胖鼓鼓的绵羊，脱下羊毛大衣之后，瘦得可笑。

剪完羊毛的绵羊妈妈回到小羊身边，小羊们完全不认识，咩咩直叫，仿佛哭着在喊："妈妈，妈妈，你在哪儿？"

牧羊人发现情况后，耐心地帮助每一只小羊找到自己的妈妈。紧接着，他又继续将下一批绵羊赶到绵羊理发室里去剪羊毛。

果园里的居民

果园里，草莓早早地结了果。而樱桃树上，洁白如雪的小花像星星一样，点缀在绿叶中间。焦急地等候了几天，梨树枝头的花蕾，也终于在昨天完全地盛开了。再过一两天，苹果树也将迎来它的花期。微风吹来，果园里飘来阵阵诱人的花香。

池塘边，新增加了番茄秧和黄瓜秧。番茄秧昨天刚从温室里搬出来，在这儿落户没多久。在有裂纹的叶子下面，长着一个个含苞欲放的小花苞。过几天，它就要开花了。而黄瓜秧还躺在白色的塑料封套里，从泥土里只露出尖尖的一角。

人工授粉

在我们周围，大多数花是虫媒花。什么是虫媒花？

所谓虫媒，就是需要昆虫朋友作为传播媒介，把花粉从一朵花传递到另一朵花上去。比如，最常见的蜜蜂、蝴蝶，还有苍蝇、甲虫、蚂蚁、姬蜂等，都是虫媒。这样的花，就称为虫媒花，比如向日葵、黑麦、荞麦。虫媒在花粉的传递过程中，起到了非常大的作用。

但有时候，仅仅依靠虫媒的力量，不能使每一棵庄稼都能得到足够多的花粉。这个时候，我们只好用我们的双手来进行人工授粉。

针对黑麦、荞麦、苜蓿，可以用一根长长的绳子来人工授粉。绳子的两端，各有一个人拉着，从田地的这一头水平地拖到那一头。绳子要从开花植物的梢头上拖过去，使梢头被压得弯下来。这样一来，花粉就能落下来，或者随风均匀地散到田里，或者粘在绳子上，跟着绳子往前走，被带到其他的花上去。

向日葵可不能用绳子来授粉。它有独特的方法：事先用纸板和棉絮做一个圆盘，大小跟向日葵圆盘差不多，即授粉扑。然后，把花粉收集到这个授粉扑上。最后，在晴朗的日子里，像扑脸霜一样，用授粉扑把花粉扑到所有正在开花的向日葵花盘上去。这样就完成了给向日葵的人工授粉。

■尼·巴甫洛娃

城市之声
驼鹿进城了

5月31日早晨，有居民反映，在列宁格勒的梅奇尼科夫医院附近，看到一只驼鹿经过。

这不是驼鹿第一次在市区露面。最近几年，它们时不时地出现在城市里。

对此，众说纷纭。有人猜测，它来自符谢沃罗德区的森林里，寻找食物时，误打误撞进了城。幸好它的出现，没有惊扰到市民的正常生活。

会说人话的鸟

一位热心的市民给我们编辑部打来电话。在电话里，他说：

"今天早晨，我如往常一样，在公园里散步。突然，我听见灌木丛里有人问我：'特利希卡，薇吉尔？'声音很响。我环顾四周，根本不见人影。看来看去，我把目光落在灌木丛枝丫上的一只红色小鸟身上。然后，它又朝我叫了一句：'特利希卡，薇吉尔？'我想走近仔细看看这是什么鸟，可是它却转身，躲进了灌木丛里。怎么找也找不到。真是一只奇特的鸟！难道它会说人话？"

根据描述，这是红雀。它从印度远道而来。它当然不会说人话，只是叫声听起来很像是在问你什么。每个听到过它叫声的人，都会根据自己的理解，把那叫声用拟声词翻译成人话，反过来认为是红雀说的。有人翻译成："看见特利希卡了吗？"有人听成："看见格利希卡了吗？"事实上，红雀什么都没有问。

海里来的客人

这两天，从芬兰湾游来了一大批胡瓜鱼。它们的目的，是去涅瓦河里产卵。产完卵，再回到海里去。它们的数量是如此之多，渔民们光是捕捉它们都早已累得筋疲力尽了。

大部分季节性生殖洄游鱼都是这样：长途跋涉地从海洋回到

河流产卵，产卵之后再回到海洋里。比如里海鲱鱼、鲟鱼、白鲟鱼。

　　也有一种特殊的鱼，出生在深海里，长大以后回到河流里生活。这种奇怪的鱼，就是小扁鱼。

　　或许很多人都不知道小扁鱼是什么鱼，可能听都没有听说过。这情有可原，小扁鱼只是它小时候住在深海里的名字，等它长大后，鳗鱼才是它真正的名字。这下知道了吧？

　　海洋并不是平静的。在风的作用下，流动的海水形成不同的洋流。在赤道以北、北纬10°左右的大西洋上，有一道北赤道暖流。这是环状流动着的洋流。环中的海水温度适宜，营养物质多，适合藻类的繁殖。因藻类很多，所以称为藻海。小扁鱼就出生在这里，而且只出生在这里。

　　头三年，它全身透明，透明得连肚子里的肠子都能清楚地看见。扁扁的，小小的，所以称呼它为小扁鱼。第四年，它就变成小鳗鱼，身体还是透明的。大概它也没想到，小时候像一片叶子的自己，长大之后居然像一条蛇。

　　小鳗鱼们从大西洋出发，游过了2500千米，现在正成群结队地游进涅瓦河，奔赴家乡。

试飞

　　春季的最后一个月，小鸟们先后从蛋壳里钻出来了，来到这多姿多彩的世界。它们慢慢长大，在父母的教导下，相继开始了最重要的课程——学飞。

所以，当你在公园里、林荫道上散步时，请时刻注意头顶。小心小乌鸦或小椋鸟突然从天而降，落在你的头上。别担心，要记住，这是小鸟们在学飞呢。

虽然经历过摔下树枝的失败，但它们终有一天能顺利地飞上蓝天！

城郊的生活

"弗喊——弗喊——弗喊——弗喊！"

一到夜里，郊区的居民就能听到这种断断续续的低啸声。刚开始，从这一条沟里传出来，过了一会儿，又从那一条沟里传出来。

这是黑水鸡的叫声。它喜欢栖息在有茂密植被的水域边上。鲜明特征是鼻子和嘴巴上那一抹鲜艳的红色。它与秧鸡是亲戚。而且，和秧鸡一样，也是从欧洲徒步走到我们这里来的。

带有忧郁气质的紫丁香花，在四五月份开花。当它开始凋谢的时候，就意味着春天的结束和夏天的来临。

一场温暖的透雨过后，就可以去郊外采摘蘑菇了。美味的白桦蕈、平茸蕈和其他食用菌，都迫不及待地从土里冒出来。

作为夏季的第一批蘑菇，它们有一个总的名字，叫麦穗蕈。因为它们是在黑麦开始抽穗的时候出现的。等到夏天一结束，它们就消失不见了。

蜻蜓云

6月11日，涅瓦河畔，很多人在散步。天气很闷热，天空中一丝云彩也看不到，柏油马路被太阳晒得滚烫，人们纷纷躲到树阴下。

突然，河对岸，浮起了一片大大的、灰色的云，吸引了所有人的注意。这片云飞得很低，几乎是贴着水面的。伴随着"嗖嗖"的响声，它飘近了，越来越大，越来越大。直到它飘到眼前，人们才发现，那不是云，而是一大群密密麻麻的蜻蜓。

因为蜻蜓的到来，空气产生流动，人们的脸庞上掠过凉凉的微风。大家都兴致勃勃地看着头顶上这一片蜻蜓云。阳光透过蜻蜓透明的翅膀，呈现出彩虹般的美丽色彩，映射在人们的眼睛里，孩子们天真的脸也都变成了七彩的糖果。

这片蜻蜓云越过河流的上空，飞过房屋，继续向远处飞去。

这是一大群刚出世的小蜻蜓。它们正在成群结队地去寻找新的住处，在那儿安定下来。没有人知道它们在哪里出世，要去哪里安家。要是你看见了，记得告诉我们哦。

欧鼹

欧鼹，从名字和外表上看，似乎与在地底穴居的老鼠一样，是啮齿动物，喜欢吃植物的根，破坏植物。

其实，完全错了。欧鼹根本不是鼠类。更确切地说，它是一只披着柔软的天鹅绒毛皮大衣的刺猬。为了方便在地下挖洞，它的前爪比后爪要大很多，相应地，视力比较差。它喜欢的食物，是金龟子和其他害虫的幼虫，所以欧鼹并不破坏庄稼。

它喜欢随意挖洞。有时会在菜园和花园里，把挖洞留下的泥土，随意地堆在花台和菜垅上，搞得乱糟糟的。有时会在挖洞的过程中，碰坏蔬菜和瓜果，给人们造成不便。

有一个简单的方法可以解决这些问题。在地上插一根长竿子，竿子顶端上安装一个风车。当风吹动风车，风车就会转动。风车一转动，竿子就会抖动起来，带动土地一起共振，使欧鼹洞里嗡嗡作响，告诉它，这里不欢迎它。于是，欧鼹就会马上收拾行李搬到别处去了。

■少年自然科学家　尤兰

蝙蝠的音响探测计

长久以来，科学家们一直在探索，为什么蝙蝠在夜里活动不会迷路。把它的眼睛用布蒙住，或把它的鼻子堵住，结果发现，蝙蝠照样能在黑暗的房间里灵活地飞行，顺利地躲过科学家在房间里设置的障碍物。显然，它不是用眼睛的视力或者鼻子的嗅觉来认路的。

直到几年前，音响探测计被发明出来以后，科学家才得以确认：蝙蝠在飞行时，会用嘴巴发出一种超声波，它利用超声波碰到障碍物后的反射，得知飞行的路线。而这种超声波，人类的耳朵是无法听见的。

得注意，女孩子浓密的长发，不能很好地反射这种超声波，很有可能被粗心的蝙蝠当作畅通无阻的路，一股脑儿地扑过来。

风的分数（一）

根据不同的表现，孩子们的作业上会有不同的分数。其实，大自然的风也有分数。

在此之前，得知道风的产生原理。空气的流动形成风，流动速度越快，风就越大。而且，风在陆地上的速度和在水面上的速度是不一样的，在水面上的速度更快。

当空气的流动速度不到 0.3 米每秒，这种情况下，一点风都没有，是 0 分。

当空气的流动速度达到人步行的速度，也就是 0.3 ~ 1.5

米每秒，或 18 ~ 90 米每分，或 1 ~ 5 千米每小时，这种情况下的风是 1 分，叫作软风。这时，我们会觉得脸上有微弱的风拂过，凉凉的。

当流动速度达到人跑步的速度，即 1.6~3.3 米每秒，或 96~180 米每分，或 6~11 千米每小时，这是轻风的速度，分数是 2 分。这时，树叶会沙沙地响。

微风的速度，相当于马儿小跑的速度，3.4~5.4 米每秒，或 12~19 千米每小时。是 3 分。这种情况下，树枝摇摆，小纸船可以在水面上扬帆起航。

和风的速度是 5.5~7.9 米每秒，能吹起道路上的尘土和海洋上的波浪。它是 4 分。

5 分的风是劲风，8.0~10.7 米每秒，或 29~38 千米每小时。相当于乌鸦飞行的速度。它能使细树干摇晃，树梢发出哗啦啦的声音，使海面上波涛汹涌。

6 分的风，是强风，39~49 千米每小时。它很调皮，有时使劲地晃动着树干，有时吹走人们头顶上的帽子，有时把晾在绳子上的衣服扔在地上。

速度如果继续增加，风的威力会更强，破坏性也会更大。10 分制已经不够用了。专业的气象学家们用的是 12 分制。遇上 6 分及以上的风，最好别单独行动。

夏

NO.4 鸟儿建巢月

（夏季第一月）

6月21日—7月20日太阳进入巨蟹宫

太阳的诗篇——六月

夏天，从6月开始了。

草丛间，蔷薇花在绽放，金凤花和毛茛正张开金黄色的花瓣。树枝上，候鸟们在家乡安定下来，做巢、孵蛋，吟唱着故乡的歌谣。

在夏天，人们在熹微的黎明时分，上山采集药草。如果不小心患了病，药草中贮存着的太阳的能量就会被转移到虚弱的病体中来，体质就能得到增强，恢复健康。

这是一年中白昼最长的时期。在北极圈以北的地方，极昼开始了，太阳24小时都挂在天上。夏至，6月22日，是一年中白昼最长、夜晚最短的一天。夏至之前，白昼时间渐渐增长。

夏至过后，白昼渐渐缩短。

温馨的住宅

6月，是繁衍的季节，小鸟们也陆续从鸟蛋里孵化出来。树枝上的居民们早就建了各式各样的房子，等待着鸟宝宝的降生。

森林里的其他动物，也各有各的住处。无论是地面上还是地底下，水面上还是水底下，草丛间还是半空中，全都住得满满当当。

各自的好住处

黄鹂把巢建在半空中，挂在高高的白桦树的树枝上。这房子，是用大麻、草茎和毛发编成的，形状像个小篮子，轻巧而精致。篮子里面，盛放着黄鹂的蛋。说来也神奇，这只小篮子挂在树枝上，居然没有被风吹下来，鸟蛋也没有因为小篮子的晃动而打破。黄鹂真不愧是匠心独具的建筑师。

低下头会发现，百灵、林鹨、鸫和篱莺，还有许多其他的鸟类，都喜欢把窝盖在草丛里。浓密的草是不错的遮蔽物。篱莺的窝，是用干草和干苔搭建成的。奇特的是，窝上面还有屋顶，而篱莺从侧面进出。

　　不少动物都不约而同地把住宅安放在树洞里。鼯鼠、啄木鸟、猫头鹰、松鼠、木蠹曲、山雀，都是其中一员。看来它们对这样的住宅情有独钟。

　　把床放在地底下的也有不少，比如鼹鼠、田鼠、獾、蚯蚓、蚂蚁。连穿着翠绿、浅蓝和棕色相间的艳丽礼服的翠鸟也喜欢住在地底下，还真有点出乎意料。

　　有一种潜鸟，叫䴙䴘。它的窝最潇洒，既不在水边的草丛间，也不在临水的树洞里，而是像船一样浮在水面上。建筑材料用的是沼泽地里常见的水草、藻类和芦苇，建成之后是半椭圆形的。这样一来，它就可以乘着小船，惬意地在水面上漂来漂去。

　　水蜘蛛和河榧子的别墅很奇特，是建造在水底下的。

住宅之最

　　林中居民的住宅如此千奇百怪。我们想进行一次最佳住宅评选活动，收到了众多的参赛报名。评选似乎并不简单呢。

　　最大的巢，非雕的莫属。它的家在又大又粗的松树上，用粗树枝搭成。

　　最小的，是戴菊鸟的巢，只有小拳头那么大。这也难怪，戴菊鸟自己的身体比蜻蜓还小。

　　最巧妙的，是田鼠的家。它有许多门，前门、后门、左门、右门、太平门，四通八达。你休想在洞穴中捉住它。

最精致的住宅，是卷叶象鼻虫的。它是一种有着长吻的甲虫。在搭窝时，它先咬去白桦树叶的叶脉，当叶子开始慢慢枯黄时，再把柔软的叶子卷成圆筒形，最后用唾液粘好，这样圆筒就不会散开。这就是它的家。在这小小的圆筒中，雌卷叶象鼻虫开始产卵、孵化。

最简单的窝，是勾嘴鹬和欧夜莺的巢。它们几乎不用花很大的力气去精心搭建鸟巢。欧夜莺把鸟蛋放在树底下的枯叶坑里，勾嘴鹬更是大咧咧地把四个鸟蛋直接下在河边的沙地上。

最漂亮的，是反舌鸟的巢，没有人可以超过它。它的家，通常安在视野开阔的高大的白桦树上。四周是用苔藓和桦树皮编织成的墙壁，上面还有彩色纸片的装饰。这是它从附近一所别墅的花园里捡回来的。

最舒服的，是"汤勺子"——长尾巴山雀的窝。因为它的身子很像一只长柄汤勺，所以有了"汤勺子"这个别名。从外观上看，它那圆圆的窝像一个小南瓜。外层包裹着厚厚的苔藓，里边细密地铺着茸毛、羽毛和兽毛，暖和极了。在"南瓜"的正中间还有一个小门，那是长尾巴山雀进出的通道。

最轻便的，是河榧子幼虫的房子。它们住在水底下。成年的河榧子有翅膀，停下休息时，翅膀就收拢起来，刚好可以盖住整个身子，像把雨伞一样。不巧的是，河榧子幼虫没有翅膀，光溜溜的。不能用翅膀来遮住身子。但是，天无绝人之路，它有别的办法。

它会寻找跟自己身子差不多长的细芦苇秆或细树枝，再用水底的沙泥做一个小圆筒，然后把小圆筒粘到细芦苇秆或细树枝上面，最后自己倒着爬进圆筒里去。这样，它的家就大功告成了。当它把整个身子都藏在小圆筒里时，就可以美美地睡一觉。当它把前脚伸出小圆筒之外，就可以背着小房子到处旅行。别提有多方便了！

最与众不同的房子，是银色水蜘蛛的。它也住在水底下。与河榧子不同的是，它用不着细芦苇秆。水蜘蛛全身长满了防水绒毛，潜入水里时，防水绒毛上附着很多气泡。它先用蛛丝结一个杯形的网，倒挂在水草之间，再把气泡放在网下，把原先的水排出去，这样就能在水下形成一个有空气的房子。水蜘蛛就住在里面。

另类的筑巢者

生活在水里的棘鱼也在为自己建一个舒适的家。不过，造房子这活儿，是由雄棘鱼负责的。

它先找到分量重的水草茎，作为依托。这样，窝就不会轻易地被水冲走，或者漂浮到水面上。接着，用水草编织成墙壁和天花板，用唾液把它们牢牢地粘在一起。然后，用厚厚的苔藓把墙壁上的一个个小窟窿堵上。这样就造出了一个圆形的窝。最后，在窝的前后两边各开一个洞，当作进出的前门和后门。

与鸟儿的巢一样，野鼠的巢也是用草茎和草叶构成的。它架在两米高的圆柏树的树杈上面。

多样的建筑材料

森林里的居民，使用各种各样的材料建造自己的住宅。

鸫鸟那圆形的鸟巢内壁上，到处都涂着烂木屑。

家燕和金腰燕的窝，是用唾液和泥巴做成的。

黑头莺用细细的树枝勾勒基本框架，再用蜘蛛网把它们牢牢地粘在一起。

鸭喜欢住在树洞里。担心贪吃的松鼠不请自来偷吃鸟蛋，于是，它用胶泥把洞口封起来，只留下一个能容自己进出的小洞。

翠鸟住在河边。它的家，是在地上挖的一个很深的洞。奇特的是，洞底铺着一层细鱼刺。也许，它是想把自己吃剩下的细鱼刺当作战利品装点房间吧。

借用别人住宅的房客

森林里那些自己不会造房子，或者懒得造房子的居民，会厚颜无耻地借用别人的住宅。

杜鹃就是这样的房客之一。它把鸟蛋下在鹡鸰、知更鸟、黑头莺或者其他鸟类的窝里，再让它们帮忙孵蛋，自己却乐得轻松。

黑勾嘴鹬在林子里东瞅瞅，西瞧瞧，到处寻找着。踏破铁鞋无觅处，它发现了一个被乌鸦废弃的旧巢。于是，它就高兴地在里面孵起蛋来。

船砢鱼喜欢住在水底沙岸壁上的小虾洞里。这些洞都是没有主人的，也就不会产生房子纠纷。

有一只聪明的小麻雀，把家安排得非常巧妙。起先，它的家建在屋檐下，结果被几个调皮的小男孩给无情地捣毁了。后来，它在树洞里重新建了一个家，又不小心被伶鼬偷走了鸟蛋。

吃一堑，长一智，这次它把新家安置在雕的窝里，就在雕用来搭巢的粗树枝之间。要知道，雕的窝可是森林里最大的，非常宽敞。对这位小小房客的到来，雕压根没有理会。麻雀实在是太小了。仗着强大威猛的房东，小麻雀终于过上了太平日子。小男孩、伶鼬、猫儿什么的，再也不会来欺负它了。

集体公寓

除了各式各样的别墅，林子里也有集体公寓。

　　喜欢群居的蜜蜂、蚂蚁、黄蜂、丸花蜂的窝，就是典型的集体公寓。在一个蚂蚁窝或蜂窝里面，住着成千上万个房客。大家分工合作，其乐融融地生活在一起。

　　秃鼻乌鸦把果木园和小树林当作自己的势力范围。在那里，它们的巢到处可见。

　　鸥鸟的聚集地，在沼泽、沙岛和浅滩上。

　　灰沙燕成群地住在陡峭的河岸上。为了建造住宅，它们用嘴凿了无数个洞，简直要把河岸凿成筛子。

窝里的鸟蛋

　　鸟窝里有什么？答案当然是鸟蛋！

　　每一种鸟蛋都是与众不同的。其中是藏着大自然的奥秘的。

　　歪脖鸟的蛋是白里透红的，相当好看。勾嘴鹬的蛋壳上，有大大小小的斑点。

　　歪脖鸟把蛋下在别人看不见的黑漆漆的树洞里。勾嘴鹬不一样，它的蛋直接下在草墩上，丝毫没有遮蔽物的掩盖。如果也是白色的，那么很容易就会暴露。于是，勾嘴鹬的蛋就变成了草墩的颜色，像穿上了保护衣一样。

　　野鸭的蛋也是白色的，也是下在草墩里，也是丝毫没有遮蔽物的掩盖。不过，鸭妈妈在离开时留了心眼，它扯下自己肚子上的茸毛，盖在蛋上。这样，蛋就不会被发现了。

好奇的朋友可能会问：为什么勾嘴鹬的蛋一头是尖尖的，而兀鹰的蛋是圆圆的？

勾嘴鹬是一种小鸟，它的大小只有兀鹰的1/5，但它的蛋却和兀鹰的蛋是一样大的。这就使孵蛋变成了难题：怎么样才能用小小的身体去盖住那么大的蛋呢？解决难题的关键，就在于一头尖尖的鸟蛋。小头儿对着小头儿，占用的空间就比较小，这样勾嘴鹬就能用身体完全盖住鸟蛋去孵化它们。

林中趣事记
狐狸赶走了獾

一只狐狸出现在獾的家里，央求獾分一间房子给它住。

原来，在这之前，狐狸家的天花板塌了，差一点儿把小狐狸压死。此地不宜久留，担惊受怕的狐狸决定赶紧搬家。

得搬到哪里去呢？狐狸想到了单身的邻居獾。獾是个出色的建筑师，它的洞穴很宽敞，几乎可以住下两户人家。东西各有一个门洞，里面还有好几条分岔的地道彼此相通，以备敌人突然袭击时逃生之用。于是便有了开头时的一幕。

可是，獾一口拒绝了狐狸的无理要求。它是个严谨、不肯马虎的家伙，喜欢把家里清理得干净明亮，把东西叠放得整整齐齐的。狐狸那乱成一团的家，它之前可是亲眼见识过的。所以，它才不愿意把自己温馨舒适的家拱手让给一个不讲卫生的家伙呢。它把狐狸给撵了出去。

狐狸虽然碰了钉子，却坚定了一定要把獾的家弄到手的决心："我低声下气地恳求你，既然你不领情，就别怪我不客气！"

只见狐狸假装垂头丧气，怏怏地到森林里去了。其实呀，它刚进森林，就立马躲在了灌木丛里。

獾从洞里探出头来，看到狐狸已经走远了，这才爬出洞来。它得去寻找些蜗牛填饱饥饿的肚子。

獾前脚刚走，狐狸后脚就回到了獾的洞里。它在客厅里拉了一堆屎，搞得屋子里又脏又臭，然后大摇大摆地走了。

不久之后，饱餐一顿的獾回到了自己的家里。刚进门，就被臭气熏得够呛。定睛一看，自己温馨舒适的家不知道被哪个缺德的家伙搞得又脏又臭，根本住不下去。它哼唧了一声，既生气又伤心，转了一圈，还是决定离开洞，到别的地方重新再挖一个家。

这刚好中了狐狸的下怀。

当獾还在辛苦地为自己建造新家的时候，狐狸已经带着小狐狸们，舒舒服服地住进了宽敞的獾洞。

有趣的浮萍

池塘里长满了绿色的浮萍，有人叫它为苔草。事实上，苔草和浮萍是两种不同的植物，苔草是苔草，浮萍是浮萍。

浮萍虽然是植物，但是它跟其他的植物不一样——它没有叶子。可水面上漂浮着的绿色的小圆片，难道不是它的叶子吗？不，那是它的茎，上面凸起的是它的枝。茎和枝很像，差不多都是椭圆形的。

它很少开花，所以，一般见不到它的花。可不开花怎么繁殖呢？很简单，当椭圆形的茎上脱落下一条椭圆形的枝后，一棵浮萍就变成了两棵。它就是靠这种方式繁殖的。

浮萍很自由，没有什么能束缚它。当有野鸭游过它身边时，它就可能挂在野鸭的脚蹼上，被带去另一个池塘生活。

■尼·巴甫洛娃

神奇的矢车菊

绛红色的矢车菊静静地在草地和空地上盛开。

与伏牛花一样，矢车菊也是一种神奇的花，因为它也会变魔法。

它的花可不简单，是由许许多多小花共同组成的花序。上面那些蓬松柔软的小花，像漂亮的犄角，却不会结籽。真正会结籽的花，是那些深绛红色的细管子，长在花序的正中间。在吸管里，藏着一根雌蕊和几根雄蕊。会变魔法的就是这几根雄蕊。

只要轻轻地碰一碰深绛红色的细管子，它就会往旁边一歪，同时从小孔里冒出一小堆花粉。屡试不爽。

花粉是从雄蕊里冒出来的。它们可不是纯粹地用来消遣的。当昆虫向矢车菊索要花粉时，它就会给昆虫一点儿。被当作食物，不是它们的主要目的。它们是想乘坐着这些昆虫运输工具，跑到另一棵矢车菊的花朵上去，完成受精，为结籽做准备。

■尼·巴甫洛娃

神秘的夜行大盗

最近一段时期，森林里出现了神秘的夜行大盗。每天夜里，总是会有小动物接二连三诡异地失踪，谁也不知道它们去了哪里。

神秘的凶手总是出人意料地出现，有时出现在草丛里，有时出现在树上，有时出现在灌木丛里。大伙儿被闹得个个提心吊胆，连觉也睡不踏实。

几天前的一个傍晚，獐鹿爸爸遇害了。

那天，它和獐鹿妈妈带着两只可爱的小獐鹿宝宝在林中空地上吃草。因担心别的猛兽出现，它就站在离灌木丛八步远的地方放哨，细心地观察周围的情况。突然间，灌木丛里蹿出一团黑色的影子向它扑来，一下子就跳上了它的脊背。惊慌失措的雌獐鹿赶紧带着两个孩子死命地逃进树林里去。

第二天一早，当雌獐鹿回头来找雄獐鹿时，它只剩下了犄角和蹄子。

昨天晚上，驼鹿差点遇害。以往它自诩是天不怕地不怕的勇士，以为凶手伤不着它，结果昨天被吓得差点丢掉性命。

它昨晚路过一片密林，发现一棵树的树枝上似乎长着一颗奇形怪状的大树瘤。当时光线不好，远远地看不清。于是，好奇的它就走到那棵树下，正准备抬起头来仔细端详那究竟是什么东西，忽然，一个重物从天而降猛地压到它的脖子上。

这突袭可把驼鹿吓得魂飞魄散。好在它反应快，连忙晃动脑袋，把凶手从背上甩下去后，撒开蹄子赶紧跑，一路上连头都不敢回一下。

事后，它回想事情的经过，还是觉得惊魂未定。没想到，那树瘤就是潜伏在那里的凶手！可惜事情发生得太突然，它都不知道袭击自己的到底是谁。

凶手不可能是狼，因为这片树林里压根就没有狼。再说，狼又不会爬树。凶手也不可能是熊，因为熊这种时候还躲在树木茂密的地方睡大觉。就算熊会爬树，也不会从树上跳到驼鹿的脖子上去，这不是它的惯用手法。

那么，这神秘的夜行大盗究竟是何方神圣呢？至今，还没有答案。

欧夜莺的蛋不见了

在一个小坑里，我们的森林通讯员找到了一个欧夜莺的窝，里面有两颗小小的鸟蛋。可是，一个小时之后，等通讯员重新回来找它的窝时，却发现那两颗鸟蛋不翼而飞了。这是怎么回事呢？难道鸟蛋被谁偷走了吗？

过了两天，我们才得知真相：欧夜莺因为担心别人来捣乱和偷蛋，在那一小时内把鸟蛋挪到别的地方去了。真是虚惊一场。

勇敢的棘鱼

把窝造好之后，雄棘鱼就给自己找了一个棘鱼太太。奇怪的是，棘鱼太太从这边的门游进房子，在里面产下鱼子，就立刻从那边的门游走了，再也没回来。

没有伤心，雄棘鱼紧接着又找了第二位棘鱼太太，然后是第三位、第四位棘鱼太太。可是，这些棘鱼太太最后没有一个留在它的房子里，它们都一去不返，只留下满屋子的鱼子，让雄棘鱼独自来照管。

河里有不少喜欢吃鱼子的家伙，新鲜美味的鱼子正是它们眼中的美餐。势单力薄的雄棘鱼不得不独自战斗，用自己的小身板保护自己的窝，不让那些家伙得逞。

这不，鲈鱼不请自来，想闯进去饱餐一顿。这时候，雄棘鱼勇敢地冲上前去，跟鲈鱼进行了激烈的搏斗。

棘鱼之所以叫棘鱼，是因为它的背鳍、胸鳍、腹鳍和臀鳍的前端有坚硬的刺，像荆棘一样锋利。当有敌人进犯，那些硬刺就会竖起来，变成武器。

鲈鱼全身都覆盖着鱼鳞，这些鱼鳞保护着它，然而鳃部却是它的阿克琉斯之踵——鳃部没有鱼鳞。于是，雄棘鱼抓住时机，对准它的腮，使劲地用刺戳过去。眼见着对手就要击中自己的软肋，鲈鱼赶忙掉头逃走了。

雄棘鱼又一次成功地保卫了自己的家。

真相大白

今天夜里，森林里又发生了一起命案，被害者是住在树洞里的松鼠。

我们仔细地勘察了命案现场，终于发现了一丝线索——凶手在树干上和树底下留下了脚印。根据分析结果，这些天连续作案多起、把大伙儿闹得心惊胆战的神秘夜行大盗终于水落石出：它是猞猁！

跟老虎一样，它也是猫科动物，喜欢生活在北方的森林里。在外形上，它跟猫很像，但比猫要大得多，所以人称残酷的"林中大猫"。白天，它躺在岩石上晒太阳。到了晚上，它摇身变成无情的猎手。在夜晚，它的视力和白天一样好。

这些天，小猞猁们渐渐长大，猞猁妈妈正带着它们，在森林里进行狩猎技巧的教学呢。

神奇的小家伙

一位来自加里宁格勒州的森林通讯员给我们编辑部来信：

"在掘地时，我从土里挖出一只小兽。它只有 5 厘米长，身上有棕黄色的细毛，模样有点像黄蜂，又有点像田鼠。可是，它却有六只脚，像昆虫一样，其中前掌上有脚爪。背上有两片薄膜，不知道是翅膀还是其他的什么。不知道这是什么神奇的小家伙？"

这个神奇的小家伙，名字叫蝼蛄，是昆虫，外号"赛鼹鼠"。

它与鼹鼠一样，都是挖土的能手，全靠它的前脚。蝼蛄的前脚很宽，像剪刀一样，能利索地剪断植物的根。它的两腭上，还长着一对锯齿状的薄片。背上的薄膜，是它的翅膀。

它喜欢在地下挖四通八达的地道，在那里面产卵，这一点和鼹鼠也是一样的。

蝼蛄在加里宁格勒州并不多见，在列宁格勒更是稀罕之物。它大多生活在温暖潮湿的南方各州。

亲爱的朋友们，要是你想找到蝼蛄，建议去果园里、菜园里、水边的潮湿泥土里找。也可以采用以下方式：选择一块土地，每天晚上往土里浇水，再把木屑盖在淋湿的泥土上面。到了半夜，蝼蛄就会自己跑到木屑下面的泥土里去了。祝你好运！

刺猬救了玛莎

一大清早，玛莎就起床了，急急忙忙地穿上衣服，顾不上穿鞋子，拿起篮子，光着脚就跑进附近的森林里去了。新鲜甜美的草莓果，正在小山冈上摇摆，招呼着玛莎来采摘。

不一会儿，玛莎就采了满满的一篮子。是时候该回家了，她边哼着小曲，边转身蹦蹦跳跳地往回跑。

一不小心，一脚踩上被露水沾湿的草墩，脚下一滑。紧接着，一阵刺痛感从右脚脚底传来。原来，右脚滑下草墩后，不知道被什么东西戳得流血了。疼痛让玛莎一屁股坐到草墩上，她一边大声地哭着，一边用衣角擦着脚上的血。

草墩下刚好有一只刺猬在休息。大概玛莎之前就是被这个家伙戳得流出了血。面对突如其来的玛莎，刺猬把身子缩成一团，"弗弗"地叫着，似乎是在指责玛莎的无礼。

过了一会儿，刺猬突然安静了下来。只见草丛里钻出一条有毒的蝰蛇，正吐着蛇信子，朝着玛莎的方向爬过来，背上那锯齿形的黑色条纹赫然在目。玛莎被吓得四肢都发软了，喉咙间什么声音也发不出来，只是呆呆地看着那条蛇越来越近，越来越近。

在关键时刻，刺猬忽然挺直身子，迎面向蝰蛇跑去。面对碍事的小东西，蝰蛇抬起前半截身子，变成一根鞭子甩了过来。敏捷的刺猬赶紧竖起身上的刺，勇敢无畏地迎了上去。被狠狠刺痛的蝰蛇"咝咝"乱叫。它想调转方向，继续向玛莎发起攻势，但刺猬却不依不饶，扑到它的身上，从背后攻击，用牙齿咬它的脑袋，用爪子击打它的背，阻止它的前行。

玛莎终于清醒过来，刺猬这是在救她。于是，她赶紧站起身，一瘸一拐地跑回家去。

我的蜥蜴

我在大玻璃罐子里养着一条蜥蜴。它是早些日子从树林里捉回来的。

我很细心地照料着这位小客人：在"房间"的底部，铺上沙土和石头，当作柔软的沙床；每天更换水和草；时不时地抓回来一些蜥蜴爱吃的"甜点"——苍蝇、甲虫、蜗牛、蛆虫和一些虫子的幼虫。面对主人的热情款待，蜥蜴在新家生活得很愉快。

蜥蜴最喜欢吃的，是生长在甘蓝丛里的白色蛾子。每次它都会迅速地扭过小脑袋，朝着白色蛾子的位置，一跃的同时张开嘴，瞬间就用舌头把蛾子卷到自己的嘴里去了。

过了几天，玻璃罐里出现了十几个白色的蛋，小小的、圆圆的，藏在石子之间。蛋壳是软软的、薄薄的。那是小蜥蜴的蛋。

又过了一个月，蛋壳破了，钻出来十几条小蜥蜴。从外观上看，和它们的妈妈长得一模一样。现在，蜥蜴妈妈带着它的孩子们，正在石头上晒太阳呢。

■森林通讯员 谢斯嘉科夫

家燕日记（续）

6月25日

自从那一对燕子回来之后，每时每刻都能看见它们忙碌的身影。每天一大清早，太阳刚露出山头，它俩就开始干活，一直忙到太阳下山。在辛苦的劳动下，燕子窝一点点地变大。现在已经像下弦月了，两头尖尖的。

有时候，它们的朋友会来拜访它们。几只燕子就聚集在梁木上，唧唧喳喳地聊天，如果大黄猫不来打搅的话，它们会聊好长一段时间。

　　闲来无事，我忽然发现，燕子窝的左右两边不是一样高的，右边的要比左边的矮一截。这是为什么呢？

　　后来，我想通了：虽然燕子窝是由雄燕子和雌燕子共同出力搭建的，可是，它俩花的力气不一样。雌燕子负责左边的窝，它很细心，也很勤快，一刻不停地衔泥、粘泥。雄燕子负责右边的窝，它往往一飞出去，好久好久以后才回来。它的注意力可能被其他的什么吸引了，或者出去玩了吧。在这期间，雌燕子都来回跑了好几趟。因此，雄燕子的工程量落下一大截，鸟窝的左右两边也相差一大截。雌燕子的脾气真好，雄燕子这么偷懒，也不责备它。

6月28日

　　现在，燕子不再往窝里衔泥巴了。它们衔的是干草和茸毛，给窝里铺上一层软软的、温暖的毯子。

　　这时，我才意识到自己之前错怪雄燕子了。因为燕子窝本来就应该一边高一边低的。你瞧，雌燕子已经把左边的窝建到了最高处，紧紧地贴着屋檐，而雄燕子负责的右边始终留有一截的空间，这不就形成了一个有缺口的圆球了嘛。那个缺口正是燕子进出鸟窝的门。哎呀，自己当时真是太无知了。

　　今天，雌燕子第一次在窝里过夜。

6月30日

窝做好以后，雌燕子总是待在窝里不出来。或许它已经产下第一个蛋了。雄燕子呢，有时飞进飞出，忙着给雌燕子衔回来一些虫子，有时站在梁木上，高兴地唱着歌，仿佛在欢迎新生命的诞生。

之前的那一群燕子今天也飞回来了。它们围绕着屋檐，一只接着一只地飞到窝旁边，向里面张望着，唧唧喳喳的，似乎是在庆祝并探望雌燕子。雌燕子则把小脸探出门外，真诚地答谢着朋友们的祝福。之后，它们也散了，雄燕子依旧在梁上唱歌。

宿敌大黄猫这段时间经常爬上屋顶，往屋檐下东张西望。它是不是也在焦急地等待着小燕子的出世呢？

7月13日

过去的两个星期，雌燕子一直蹲在窝里。只有在中午时分才飞出来一会儿，窝里的蛋交由雄燕子照管。趁着这段时间，雌燕子会在屋顶上盘旋，捉点苍蝇、蚊虫，然后飞到池塘边喝水，之后又回到窝里去。

可今天，两只燕子都忙着在窝里飞进飞出，嘴里似乎衔着什么东西。有一次，我终于看清楚了，雄燕子嘴里衔着一小块白色的蛋壳，雌燕子嘴里衔着一条小虫子。看来，窝里的小燕子已经降生了。真心替它们感到高兴！

7 月 20 日

不得了啦！出大事了！疯狂的大黄猫不知何时爬上了屋顶，现在正在屋檐上倒挂金钩，伸长了爪子要往鸟窝里掏。那一对燕子不知道到哪里去了，只剩下娇弱的小燕子在鸟窝里唧唧地哀鸣着。

关键时刻，突然飞来了一群燕子。正是之前来探望雌燕子的那群！原来，燕子夫妇是去搬救兵了呀。

屋檐上闹哄哄的。一大群燕子围着大黄猫，急急地飞着，"唧唧喳喳"地共同驱赶着入侵者。猫的爪子胡乱挥舞着，驱散眼前碍事的燕子。呀，一只燕子差点要被猫捉住了，赶紧逃！幸好它身手灵敏，顺利地逃出了魔爪。

这场雏鸟保卫战，究竟谁能获胜呢？我的心被紧紧地揪着。多么希望燕子能把猫赶走啊！

忽然，大黄猫扑了个空，失去了依附点，身子直直地往下坠，"扑通"一声，摔在了地上。不幸中的万幸，这个倒霉蛋没有当场摔死。但也应该受了不小的伤，毕竟从那么高的地方摔下来。它一边发出呜呜的哀嚎声，一边颤颤巍巍地站起身，一拐一拐地离开了。

雏鸟保卫战，燕子获得了胜利！噢耶！太好了！

话说回来，这一回，燕子们可以好好地享受一段清静的时光了。

■摘自少年自然科学家的日记

小燕雀

前几天，当我在院子里散步的时候，从脚底下突然飞过一只小燕雀。两撮短短的茸毛长在它那小小的脑袋上面，像是犄角一样，挺逗的。它飞起来了，不多久又落回草地上。飞起又落下，飞起又落下，接连几次都是这样。

我捉住了它，并把它带回家炫耀给父亲看。他说，你可以把这只可怜的小鸟放在开着的窗口。我照办了。不到一个小时，小家伙的爸爸妈妈就飞来找它，嘴里衔着小虫子。它们是来给它喂食的。

就这样，小家伙在我家住了一天。到了晚上，我把窗户关上，把小燕雀放进笼子里，别的动物就不会把它抓走。

第二天早晨，我迷迷糊糊地睁开眼，发现燕雀妈妈衔着一只苍蝇，站在窗台上探头探脑。它肯定是在寻找小燕雀！我赶紧起来，打开窗户，然后躲在角落里观察。

在我打开窗户时，燕雀妈妈受惊飞走了。过了一会儿，它又回到窗台上来了。

　　小燕雀一眼就看见了自己的妈妈，开心地在笼子里跳着，叫着。燕雀妈妈也早就看到了孩子，但还是战战兢兢地，一点点地靠近笼子，确认周围安全后，才把嘴里的苍蝇隔着笼子喂给小燕雀。

　　小燕雀显然是饿了，一口将苍蝇吞下了，还"唧唧"地叫着。当燕雀妈妈飞走寻找食物时，我打开笼子，把小家伙送回到院子里去。

　　这会儿，小家伙应该早就被燕雀妈妈领走了吧。

　　■贝科夫

金线虫的秘密

　　据说，在江河、湖泊、沼泽和池塘里，生活着一种神秘的生物，叫金线虫。当人们在这些水里洗澡时，它就会偷偷地钻到人的皮肤里，在里边钻来钻去，让人奇痒难忍……

　　这只是骇人听闻的传闻。事实上，金线虫不过是一种没有脑袋的软体虫，对人类压根没有害处。

　　正如其名，从外观上看，它很像一根根棕红色的线，细细的、长长的，一会儿伸长，一会儿缩短，一会儿又卷成线团。而且，它很坚硬，像金属丝一样，丝毫不怕石头的敲击。

　　金线虫的卵在水里孵化成幼虫。这些幼虫长着长吻和勾刺，神不知鬼不觉地寄生在水栖昆虫幼虫的身体里面。如果寄主不小心被水蜘蛛或是其他的动物吞食，那么金线虫幼虫也随之遭殃。如果它们能在寄主那里顺利地成长起来，那么，它们就会在里面变成成虫，再钻出来，回到水里生活。

这就是金线虫的秘密。

天上的黑柱

天边飘来一大块黑压压的乌云，遮天蔽日，让人透不过气来。

乌云下面，有一根黑色的、弯弯扭扭的细竿子，上端系在乌云里面，下端接着大地。细竿子周围，尘土被风扬起，跟着竿子一起不停地旋转着、旋转着。细竿子越来越粗，一眨眼的工夫，忽然变成了黑色的大柱子，直插在天地之间。它还在旋转着往前走，更多的尘土被卷进柱子里面……

飘到一座小镇的上空，乌云停在了那里。紧接着，乌云里陆续掉下来许多大雨点，瞬间又变成了倾盆大雨。雨点砸在屋顶上，"乒乒乓乓"。雨点砸在行人的雨伞上，"乒乒乓乓"。这是在下冰雹吗？不是。哈哈，这是雨点，而且在雨点里面还夹杂着蝌蚪、蛤蟆和鱼！它们在屋顶上乱蹦，在街边的水坑里乱窜。

后来才明白，黑柱其实是龙卷风。正是依靠着它的力量，乌云之前从湖泊里卷起了大量的湖水，蝌蚪、蛤蟆和鱼也被一起吸了进来。跑了几百千米以后，乌云累了，就在小镇的上空把携带物全部清空。这就造成了之前那奇怪的一幕。

森林很重要

在很久很久以前，森林无边无际，像海洋那样辽阔。可是，那时的人们肆无忌惮地采伐木材、开垦荒地，压根不知道保护森林。后来，森林变得越来越少，沙漠在干燥的地方越来越多，峡谷在潮湿多雨的地方越来越多。

农田周围没有了森林的保护，来自遥远的沙漠里，夹带着厚厚的黄沙的风，就会无情地掩盖昔日肥沃的农田，将之变成不毛之地，并进一步向沙漠转变。

池塘、湖泊和江河的两岸没有了森林的防护，水位就开始迅速地下降，河床开始干涸，再也见不到如镜子般清澈的宝蓝色水域了。

由此造成的干旱与饥荒，一步步地扼紧人们的喉咙。

现在，是时候向风沙、干旱和饥荒宣战了！植树造林，构建森林防线，就是我们手中的利器！

可别小看这些绿色的朋友，人家的作用可大着呢。它们能够用树根牢牢地抓住土地，防止肥沃的泥土被雨水冲走；站成长长一排，它们能用粗壮的身躯挡住风沙的侵袭，不让黄沙落进农田里；它们还能用头顶浓密的树阴遮阳挡雨，保护池塘、湖泊和江河。除此之外，它们还能依靠光合作用，吸进二氧化碳，吐出氧气，增加空气中氧气的含量，还能过滤尘埃、净化空气。

森林是我们必不可少的朋友！

林中大战（三）

幸运女神并没有眷顾小白桦，它们势单力薄，并没有扭转战局。它们跟小白杨、野草族一样，被小云杉无情地欺压。唉，谁让它们来得太晚了呢。现在，小云杉开始正式在空地上称王称霸。

把眼光转换到第二块空地上吧，那是前年冬天伐木工人采伐后留下的。跟第一块空地一样，在这里，霸道的小云杉也是去年那场激烈的空地争夺战的胜者。

不过，霸道如斯，小云杉却存在着两个致命的弱点：第一，它们的根虽然可以在泥2里伸展得很远，但是扎得不深。到了深秋，空旷的采伐遗迹上，到处可以听到狂风的怒号："呼呼呼……呼呼呼……"不少小云杉都在狂风的考验下先后倒下。第二，它们在年幼时非常怕冷，经受不住寒冷的折磨，树枝上的新芽全都会在暴风雪中冻死。

到了第二年春天，放眼空地，一棵小云杉的影子也看不见。而且，云杉并不是每年都会结籽。因此，在第一年的空地争夺战中，云杉虽然获得了胜利，但它的胜利并不持久。在第二年的春天，它们完全丧失了战斗力。

小云杉势力的消减，给了野草族莫大的生存空间。又是一年的春天，它们一如既往地勃发。这场空地争夺战的硝烟，现在弥漫在野草与小白杨、小白桦双方之间。

可是，经过一年的生长，小白杨、小白桦早就长得很高了。它们很轻松地就把缠在自己身上的野草茎甩开。

同时，它们也很感谢野草。秋冬季节，枯萎的野草腐烂发热，像条巨大而暖和的毛毯盖在脚边，让它们能够熬过寒冷的考验。初春，新长出来的野草与小树苗抢夺地盘时，也在掩盖着细弱的小树苗，不让它们受到早霜的冻害。

小白杨和小白桦长得很快，不多久就把野草族远远地抛在身后，自由地舒展着枝干和叶片。虽然没有小云杉那又密又暗的针叶，但它们的叶片很宽大，树阴也不小。而且，小树苗密集地生长在采伐遗迹上面，它们的枝条彼此相连，手拉手地一起战斗。

落在后面的野草，由于长期得不到阳光的照射，没多久就全枯萎了。

这样一来，在这片采伐遗迹上，空地争夺战的第二年，小白杨和小白桦获得了完胜。

现在，我们的通讯员搬到第三块采伐遗迹上去了。那里将会有怎样的战争发生呢？

敬请期待下一期的《森林报》。

农庄生活
黑麦"森林"

田野里，去年秋天播下的黑麦，茁壮地成长着，现在比人还高了。它们正在开花。

一只雄灰山鹑正在黑麦"森林"里散步。紧跟着，是一只雌灰山鹑。后面带着好几只小球似的小灰山鹑。看来，它们早就从蛋壳里孵化出来了。现在趁着适宜的天气，跟着爸爸妈妈一起全家出游呢。

割牧草

草地上，农庄的庄员们正忙着收割刚准备开花的牧草。

有的上下挥舞着手中的镰刀，有的驾驶着"突突突"的割草机。一行行芬芳多汁的牧草被齐根割下，整整齐齐地倒在地上。

等割完了牧草，就得把它们放在阳光下晒得干干的。别小看它们，这些可是农庄里全部牲口一整个冬天的口粮。

浆果成熟了

菜畦里，大葱长高了，绿油油的、嫩嫩的。其他的蔬菜也在个个铆足了劲往上蹿。

给蔬菜和果木浇完水、除完草的孩子们，正争先恐后地向山冈奔去。这是他们最高兴的事——去采摘向阳坡上的浆果。

现在正是甜甜的草莓结果最多的时候。林子里的黑莓果、覆盆子、桑悬钩子，全都成熟了。

奇妙的水

庄员们正在给地里的庄稼喷洒一种奇妙的水。

当这水喷洒到杂草身上时，过不了几天，杂草就全死了。

而这水喷洒到庄稼的身上，它们一点事儿都没有，相反，个个变得精神饱满的。

你知道这奇妙的水是什么吗？

小猪晒伤了

农庄里的两只调皮的小猪，偷偷溜出猪圈，在院子里散步。结果，一不小心，被灼热的日光晒伤了脊背。白色的皮肤变成了红色，还起了水泡。

着急的饲养员马上把它俩赶回圈里，还请来兽医帮忙治疗。

要知道，在炎热的夏天，小猪是禁止外出散步的，连跟着猪妈妈一起出去也不行。

失踪的避暑客人

不久前，有两位年轻的女客来农庄避暑。可有一天，她们突然失踪了。

大家分头找了半天，最后终于在离农庄 3 千米远的干草垛边找到了她们。

原来，她们是迷路了。早晨，她们到附近的河里游玩，记得走过一块淡蓝色的亚麻田边。到了中午，她们在返回途中，却怎么也找不到之前那块淡蓝色的亚麻田了。

听到这儿，庄员们都不约而同地笑了。早晨淡蓝色的亚麻田，其实是亚麻在开花。可它的花期很短，不到中午就凋谢了，亚麻田早就从淡蓝色的变成了绿色的，当然找不到了。

母鸡的使命

今天一大早，农庄里的母鸡就被一窝窝地带上汽车，动身去执行它们的神圣使命。

汽车停靠在一块刚收割完的麦地边。光秃秃的麦地里，只剩下矮矮的麦秸根，还有不少散落在地上的麦粒。母鸡的任务，就是负责拣拾地上的这些麦粒。当然，麦粒最后进了它们的肚子。

等把这块地上的麦粒拣拾干净，这些母鸡就会被送往下一块麦地，继续去执行它们的任务。

浆果的旅行

熟了的马林果、醋栗和茶藨果，该乘着汽车从农庄出发进城去了。可是，它们三个对进城这件事的态度各不一样。

"我可不怕进城。"急性子的醋栗直率地说，"我现在还是硬硬的，还没有熟透，经受得住长途的颠簸。"

茶藨果谨慎地想了想，然后说："只要庄员们把我包装得牢实一点，我应该也能坚持到集镇上。"

"要去，你们自己去吧。我可不去。"马林果早就泄了气，"虽然我也期待着进城，可是你瞧我这模样。一路上的颠簸，我这软软的身子呀，还没到半路，恐怕早就被颠成稀巴烂了。"

鱼的餐厅

池塘里的鱼也有餐厅，不过，它们的餐桌是在水底，没有椅子。

更糟糕的是，这些食客压根不遵守秩序。

每天早晨，还没到开放的时间，一大群鱼儿早早地聚集在餐桌边，你推我，我推你，乱成一团。它们都在抢夺着离餐桌最近的位置。

7点，饲养人员乘着小船准时把饭菜送到餐桌上，有煮熟捣碎的马铃薯，有晒干的小金虫，有包裹着杂草种子的粉团子，还有许多其他好吃的。这些诱人的饭菜刚放下，几百条鱼立马就蜂拥而上，抢着用餐。强壮的大鱼用身躯挤出一块空间，大快朵颐。力气不够大的小鱼只能在角落里，吃着偶尔漂到嘴边的别人吃剩下的残渣。

■尼·巴甫洛娃

杜鹃与毛毛虫

在我们那儿有很多农庄，其中有一个小农庄建在小橡树林旁边。我就住在这个小农庄里。

平时我喜欢到森林里散步。往年，我很少在林子里听到杜鹃的叫声，顶多一两声"不如——归去"。可是，今年夏天，我常常能听到它们的叫声。今年应该来了不少杜鹃吧。

正在这时，我看到有一个人慌慌张张地边跑边嚷："来人呐！牛发疯了！"他是牧童，每年这个时候他都会把农庄里的牛群赶到橡树林里放牧。

跟其他几个庄员一起，我们赶紧跑到森林里去看看发生什么事了。你猜怎么着？几头牛真的像发疯了一样，用尾巴狠狠地抽打着自己的背，到处乱跑、乱叫，险些就一头撞在橡树上。我们赶紧把牛群赶到草地上去。牛为什么会突然发疯呢？

后来查明了原因，原来是橡树上的毛毛虫在暗中使坏。这些坏蛋，数不胜数，个个穿着咖啡色的外套，像野兽似的爬上了所有的橡树。树叶都被它们啃完了，只剩下光秃秃的树干。吃树叶还不算，它们身上脱落下的细毛随风飘来飘去，居然飘进了牛的眼睛里，让牛疼得睁不开眼睛，结果就导致了这场事故。

后来呀，正当我们发愁怎么处理那些可恶的毛毛虫的时候，之前提到的那些杜鹃，连同黄鹂、松鸦、秃鼻乌鸦，还有其他的鸟儿一起，把所有的毛毛虫都吃完了。你说，神不神奇？

幸亏有这些鸟儿的帮助，毛毛虫终于被消灭了，橡树林总算挺了过来。农庄里的牛也没有再发疯了。

■尤兰

菜园里的敌人

菜园里的蔬菜瓜果正在蓬勃地生长着。可是，总有几个麻烦的敌人时常光顾。

有一种黑色甲虫，它的背上画着两道白色的条纹，是萝卜、甘蓝、芜菁和冬油菜的头号敌人。它们在菜叶上跳来跳去，专挑嫩菜叶吃，把叶片啃得全是窟窿。要是大规模进攻，只需要两三天的工夫，它们就能把几公顷大的菜园全部糟蹋掉。

蛾蝶的进攻更隐秘。它们偷偷在菜叶上产卵。卵孵化出的青虫，专以菜叶和菜茎为食。一棵棵原本饱满油亮的蔬菜，在它们的嘴下，只能变成千疮百孔、丑陋不堪的"畸形儿"。大菜粉蝶、萝卜粉蝶在白天出现，甘蓝螟、甘蓝夜蝶和菜蛾专在晚上出现。

该怎么对付它们呢？

竖稻草人？稻草人只能赶走麻雀和其他鸟类，可对上面两类敌人，根本不管用。

如果是小面积的菜园，可以用人工的办法除虫。

针对会跳的黑色甲虫，一种方法是：找一面旗子，在它的两面涂上厚厚的胶水，再把它系在长一点的竿子顶端，然后在菜畦间来回挥动旗子，黑色甲虫一跳上旗子就会被牢牢地粘在上面。

但这方法治标不治本。想要彻底消除敌人，第二天得趁着露水还没干，把炉灰、烟末或熟石灰均匀地撒到蔬菜上。这样就能驱除黑色甲虫，而对蔬菜不会造成伤害。

针对蛾蝶，也有两种方法：一种是找到它们在菜叶上留下的卵，用手把卵按碎；另一种是在菜叶上撒上炉灰、烟末或者熟石灰。

要是几百公顷甚至更大的菜园，人工捉虫的速度还赶不上虫吃蔬菜的速度。这时就得派飞机出场，从飞机上往下撒炉灰、烟末或熟石灰。

人蚊大作战

夏天，还有一种讨厌的敌人，专对人类下手，那就是蚊子。人蚊大战每年都会上演。

蚊子大致可以分成两种：一种是普通的蚊子，一种是疟蚊。被前者咬了，人只觉得有点痛，不久在叮咬处会肿起一个又红又痒的疙瘩，过不了多久疙瘩就会消失。要是被疟蚊叮咬了，那就严重了，会得一种叫疟疾的病。患了疟疾的病人起初不会有异样，不久就会开始打摆子，一会儿觉得全身冰冷直打哆嗦，一会儿又觉得热得要命；有的一天之内冷热骤然交替，有的三天发作一次。

从外观上看，疟蚊与普通蚊子长得很像，但体型略小一些。

雌疟蚊的吸吻上，带有病菌。吸吻旁边，还长有一对触须。在被疟蚊叮咬时，病菌顺着吸吻进入人的血液，破坏血球，人就因此患了病。

光用手打蚊子、用蚊香熏蚊子，都不能消灭所有的蚊子。

蚊子的生命历程，要经过卵、孑孓（幼虫）、蛹、成虫四个阶段。它喜欢把卵产在不流动的死水、沼泽里，孑孓、蛹也生活在死水里。灭蚊的关键，得从这死水下手。

用一只玻璃瓶，舀一瓶有孑孓的死水，在里面滴一滴煤油。会发现，不溶于水的煤油很快在水表面漫开来，形成薄薄的一层油膜，满满地覆盖在水面上。孑孓和蛹在水下疯狂地扭动着身体，想要钻破油膜，但无济于事。一段时间之后，它们一个个沉到瓶底，再也没有游上来。

原来，煤油形成的油膜隔绝了空气，孑孓和蛹都被闷死了。相同的原理，可以运用到其他有孑孓和蛹的死水里。

八方来电

注意！注意！

这里是列宁格勒《森林报》编辑部。

今天是夏至，6月22日，是一年中白昼时间最长的一天。今天，我们如约举行第二次无线电广播通报。

东方、南方、西方、北方，请注意！

苔原、森林、草原、山岳、海洋、沙漠，请注意！

请你们报告，你们那里现在夏天的情况。

这里是北冰洋群岛

在我们这里，极昼开始了。太阳一天24个小时都挂在天上，天空总是亮堂堂的。这样差不多要持续3个月。不过，太阳的位置每天都会发生变化，一会儿上升，一会儿下降，就是不会落到海平面以下去。

别以为这儿常年都是冰天雪地的，夏天这里也会有赏心悦目的绿色。

每个小时都能晒到阳光，地上的泥土开冻了，小草飞快地生长。光秃秃的石头上面，满满地覆盖着浓密的苔藓。苏醒的苔原上，低矮的地衣上开出了五彩斑斓的花朵。

虽然没有翩翩的蝴蝶、勤劳的蜜蜂，没有蹦跳的青蛙、善跑的羚羊，没有敏捷的松鼠、威猛的兀鹰，但是，这儿有高傲的北极狐、乖巧的驯鹿，有机灵的旅鼠、毛茸茸的白兔，还偶尔有憨态可掬的北极熊。它们大老远从海里游过来，在苔原上慢吞吞地摇摆着身子，寻找着食物。

更重要的是，这里的天空中、苔原上、海水里，有多得数也数不清的鸟儿！角百灵、鹡鸰、雪鹀、北鹩、鸥鸟、鹬、野鸭、雁、管鼻鹱、花魁鸟，还有许多千奇百怪的鸟，它们都飞到这儿来了。在苔原上，到处都能看见它们的鸟窝，随时可以听到它们的歌声。趁着明亮、暖和的时节，它们忙着捕食、求偶、孵蛋。整个苔原因它们而变得沸腾，洋溢着勃勃生机。

当然也有贪嘴的猛禽时常光临。不过，当它们一想靠近，一大群鸟儿就会一哄而上，冲着入侵者扑去，共同保卫后代。其阵势真可谓是惊天动地。

细心的你可能会问："没有夜晚，这些鸟兽难道不用睡觉吗？"

对的，它们差不多不睡觉，只是累时打个盹儿。因为这儿的夏季非常短暂，一年才几个月，筑巢、孵蛋、喂养后代，这些事儿都得在这短暂的时光里完成，大伙儿忙得焦头烂额，哪有工夫睡觉啊。

这里是中亚西亚沙漠

我们这儿刚好相反：白天气温很高，火辣辣的太阳把草木都晒枯了，大家都躲起来睡觉；到了晚上，气温凉快下来，才陆续有些生物出来透一口气。

这里干燥得很。我们都不记得上一场雨是在什么时候下的。

反正，已经很久很久没有下过雨了。

在这里，看不到什么高大的植物。骆驼草差不多只有半米高，无叶树也是矮矮的。枝条上没有绿叶，只长着细细的、针状的毛。别的灌木和草儿，也长着一样的细毛。

那是它们的变态叶。在缺水的沙漠，宽大的叶片会让植物体内的水分很快蒸发，减少叶片的面积，就能减缓水分的蒸发。这是植物在沙漠中生存的法则。不过，这些植物却有着发达的根系。比如骆驼草，它的根可以钻到五六米深的地下去寻找地下水。

这里经常刮风。没有植被的阻挡，风直接卷起干燥的沙土，遮天蔽日，天地都变成浑黄的一整片。一阵"咝啦咝啦"的喧嚣声，夹杂在风沙里，让人毛骨悚然。别担心，那不是蛇，那只是风刮过无叶树的树枝时发出的声音。

那沙漠里的蛇呢？它们在哪里？

它们呀，现在正在深深的沙洞里睡觉。它们也受不住白天的高温和似火的骄阳。等到晚上，它们就会出来活动了。

蜘蛛、蚂蚁、蝎子、蜥蜴和蜈蚣，各自躲在阴凉处睡觉。它们也是要到晚上才出来觅食。

细长腿的金花鼠也在家里睡觉。怕阳光晒进家里，它还考虑周到地用土疙瘩把洞门堵上。只有在凉快的清晨，它才会走出家门填饱肚皮。

黄色的金花鼠干脆钻到地底下夏眠去了，不，确切地说，应该是夏眠、秋眠和冬眠。它会一直睡到来年的春天。一年当中也只有春天的3个月，它才会出来活动活动筋骨，显示一下存在感。

稍微大型点的动物，都搬到沙漠的边缘去避暑了。那里离水源更近一点。鸟儿也带着早已孵化出来的雏鸟飞走了。

还住在黄沙里的，只剩下山鹑。它飞得很快，能够飞到距离几百千米远的小河边喝水，然后衔着满满一嗉囊的水，飞回巢里，喂给饥渴的雏鸟。虽然这点距离在它眼里算不上长途，但等雏鸟学会了飞行，它也会带着雏鸟离开沙漠的。

生活在沙漠里的人们呢？

他们运用聪明才智，开挖灌溉渠，将高山上的水引到田地里，在了无生机的沙漠里种出了充满绿意的葡萄园和果木园。他们还在渠道两边、农田附近和沙漠边缘都种上了茂密的风沙防护林，让风沙不能越过界来，这样就阻止了风沙的侵害。他们还在沙漠里种上骆驼草、蓼子朴、芨芨草、胡杨等耐旱植物，利用它们发达的根系来固定沙丘，不让它们继续前进。

这里是乌苏里大森林

这里的森林，无论黑夜还是白天，都是阴暗的。

林子里，长着高大的云杉和落叶松。枝繁叶茂的枞树也披上了深绿色的夏装。一些阔叶树上，还爬满了带刺的葎草和野葡萄藤。它们的枝杈彼此连接在一起，形成一片浓密的树阴，像一顶巨大的、绿色的帐篷。

驯鹿、印度羚羊、猞猁、黑熊、灰狼，大大小小的野兽在这帐篷下共同生活着。

树枝上和沼泽旁，栖息着各种各样的羽族飞行家。灰松鸦、野雉、野鸭、鸳鸯、苏联灰雁和中国白雁，它们为森林增添了许多生机与活力。

这个季节，鸟儿们先后在窝里下了蛋，有的已经孵出了雏鸟。小野兽宝宝也长大了，在父母的带领下，正在林子里学习生存技能。

这里是库班草原

现在，我们这儿正是收获的季节。

人们正在田地里忙着收割庄稼，有的驾驶收割机，有的使用马拉收割机。一副忙碌的景象。嗬，我们这儿今年的收成可真不错，每个人的脸上都笑成了一朵花。刚收割下来的玉米，已经被火车运到莫斯科和列宁格勒去了。

雕、兀鹰和游隼在收割完的麦地上空不停地盘旋，在等待着猎物的登场。

田鼠、金花鼠、腮鼠，这些家伙正在洞口探头探脑。它们打算去捡拾散落的麦粒，贮备冬粮。哈哈，殊不知，螳螂捕蝉，黄雀在后。

还有一波狩猎者，也在暗处静静地等待着这些家伙的出现。那是狐狸和草原鸡貂，专吃鼠类等啮齿动物。

现在，就等猎物自己送上门来吧。

这里是阿尔泰山脉

夏天，我们这里的山是分层的。最下面的山坡上是茂密的森林。往上一点，是高山草原，很少能见到乔木。再往上，长满了苔藓和地衣，连灌木也变得少见，像苔原一样。最上面，是积雪的白色山顶，光秃秃的，只有大片的冰原和冰河，终年不开冻。

相应地，这儿的动物也是分层的。在最高而寒冷的山顶上，没有居民，只有剽悍的兀鹰和雕，偶尔会在上边打转儿，用尖锐的眼睛搜寻山下的走兽。善于攀岩的野山羊一家住在高山苔原上，牦牛、体型跟雌火鸡差不多的山鹑是它们的邻居。肥沃的高山草原上，动物就多起来了，有成群结队的、长着犄角的羱羊，有壮硕的旱獭，有凶猛的雪豹，还有各种鸣禽。森林里安家的就更多了，有松鸡、雄、野鹿、棕熊，等等。

在群山环绕之间，大大小小的盆地坐落在那里。那儿既闷热，又潮湿。

早晨，阳光普照，草场上的露珠很快就蒸发了，变成水蒸气。它沿着山坡爬升，冷却后变成缭绕的云雾，漂浮在山顶上，像给山戴了顶帽子一样。在潮湿的夜晚和下过雨的清晨，这些云雾弥漫在整个山谷之间，把山谷装点得宛如世外仙境。

后来，水蒸气不断凝结，变成了水珠，又从高空中掉落下来，变成雨水重新回到草场上。有的雨水汇入融化的雪水之中，成为湍急的小溪，一直朝着山下的江河奔跑。就这样，水在土地、天空、河流之间循环往复。

在以前，麦子只种在盆地，那里土壤肥沃，水源充足。而现在，用牦牛取代马，山地上的耕地越来越多了。人们的足迹，正在往高山上拓展。

这里是海洋

我们的国家，三面临海，东边是太平洋，北边是北冰洋，西边是大西洋。

我们乘着轮船从列宁格勒出发，越过芬兰湾和波罗的海，就来到了大西洋的洋面上。在这儿，经常能看到其他国家的船只，英国的、法国的、荷兰的、丹麦的、挪威的、瑞典的、芬兰的，它们忙着运送货物和旅客。也能看到捕捞鲱鱼和鳘鱼的渔船在作业。

离开大西洋，接下来就来到了北冰洋。到处都结着厚厚的冰，荒无人烟。这片最冷的海洋，是我们国家的领海，谁要是想经过这片海域，都得征求我们的允许。以前人们认为没有谁能在这里行船，现在，勇敢的俄罗斯民族已经开辟出了一条北方航线。此时此刻，由破冰船开道，我们正沿着这条航线向东航行。

一路上，我们目睹了许多叹为观止的自然景观。

起初，顺着北大西洋暖流，我们在那儿邂逅了漂浮在洋面上的冰山。洁白、硕大的它们在阳光下闪闪发亮，刺得人眼睛都睁不开。

后来，这股暖流北折，我们的轮船也跟着转向北方。

在那儿，呈现在我们眼前的，是非常广阔的冰原，在海上慢慢地漂浮着。不时有巨大的冰块，从冰原的边缘"轰隆"一声坠入水中，把我们吓出一身冷汗。我们小心翼翼地从冰原旁边绕过。天上的侦察飞机为我们指引着方向。

我们路过北冰洋上的一个小岛。成千上万的大雁，正在岛上换毛。它们翅膀上的硬翎脱落了，暂时飞不起来。不远处，是海象的聚居地，一大片，黑压压的。有的直立起上半身，摆动着尾巴，在地上挪动。有的整只趴在地上，从雪坡上滑下来。一头长着锋利獠牙的海象，从水里钻出来，趴在大冰块上大口地喘着气。许是刚才的捕食累坏它了。

　　我们还见到一种海兔。海兔长得一点儿都不像陆地上的兔子。它是一种螺类，属于甲壳类软体动物家族，也叫海蛞蝓。这种海兔，头上有个皮囊。它有时会像吹气球一样，忽然把皮囊吹得鼓鼓的，它的头上就仿佛是戴了一顶钢盔似的，特别好玩。

　　可怕的虎鲸是带给我们最多恐惧的动物。它们像潜艇一样，只露出背鳍，悄无声息地从轮船不远处快速游过，一晃即逝。它们正在追捕其他的鲸和鲸宝宝。到了太平洋上，将会遇到更多的鲸。到时，我们再讨论更多有关它们的事吧。

　　太平洋见！

　　以上这些就是夏至日全国各地的夏季景色。

　　这期夏季无线电广播通讯，到这儿就结束了。下次广播，将在 9 月 22 日举行。

　　再会！

NO.5 雏鸟降生月

（夏季第二月）

7月21日—8月20日太阳进入狮子宫

太阳的诗篇——七月

7月开始了。这是一年中最炎热的时候。

植物们在阳光下，利用光合作用为自己制造养分。麦田变成了金灿灿的。沉甸甸的穗子压弯了稞麦和小麦的腰肢，它们的头深深地低到地上去了。燕麦也是粒粒饱满。荞麦落在后面，还是扁扁的。这些丰硕的粮食，足够大伙儿整整吃一年了。

牲畜的口粮也在准备着。牧草已经在阳光下晒干，堆成一个个小土丘似的干草垛。

草场上，开满了娇小可爱的野菊花，白色的花瓣，金黄的花蕊。

林子里，鸟儿都没有闲暇唱歌、跳舞、游戏了。它们有更重要的事情要办。所有的鸟窝里，新生儿都出世了。它们的眼睛紧闭着，身上光溜溜的，还不会自己寻找食物，急需父母的悉心照料。

草莓、黑莓、大覆盆子、醋栗，这些美味多汁的果实，在森林里到处可见。在南方的果园里，枝头上挂满了红彤彤的樱桃和红莓。北方的林子里，一颗颗金黄色的桑悬钩子挂在沼泽边的长茎上。

这时候，可不能随便跟太阳玩耍，它灼热的光线会把你晒伤的。也不能在阳光下待太长时间，否则会中暑的。

林中趣事记

森林里的新生儿

罗蒙诺索夫城外有一片广阔的森林。这个季节，里面到处都是喜气洋洋的，迎接着新生儿的到来。

一只年轻的雌驼鹿，刚产下一只小驼鹿。小家伙还在努力地尝试，如何让自己站起来呢。

白尾巴雕那大大的鸟巢里，两只雕宝宝张着小嘴，嗷嗷待哺。

黄雀、鸸鸟和燕雀的窝里，各有5只小雏鸟，唧唧喳喳的。它们的眼睛都还没睁开。

长尾巴山雀一口气孵出 12 只小鸟。这可累坏了山雀爸爸和山雀妈妈，它们一刻不停地飞出去给孩子寻找食物。

灰山鹑的家里，养着 20 只小家伙。个个跟小毛球一样。

雄棘鱼窝里的鱼子也孵化了。大致数了数，有 100 多条。

最多的，要算鳘鱼。它的孩子估摸着有几百万条呢。

孤独的孩子

世上只有妈妈好。可很多新生儿，一来到这个世界，就是孤儿。它们的成长，完全靠它们自己。

鳊鱼、鳘鱼和青蛙产下卵之后，就离开了，压根不管这些孩子能不能孵化出来、能不能找到食物、会不会遇到危险。它们的孩子实在是太多了，几十万个，甚至几百万个，要是一一照顾肯定是忙不过来的，所以只能选择这种方式，让它们自生自灭。

这些孤独的孩子，没有父母的照顾，独自承担着成长道路上的艰辛与苦难，每一步都走得很辛苦。有很多贪吃的坏家伙潜伏在周围，它们喜欢吃鱼类和蛙类的卵和幼体。这些孤儿时刻被危险包围着，过着朝不保夕的生活。

只有那些勇敢、机智、灵敏、坚强的强者，才能顺利地长大。

细心的妈妈

与鳊鱼、鳖鱼和青蛙相比，驼鹿妈妈和绝大部分的鸟妈妈，都是细心负责的好妈妈。

即使牺牲自己的生命，驼鹿妈妈也会拼死保全自己的独生子。就算面前的敌人是凶残的熊，它也会毫不犹豫地用自己的身子掩护孩子，前后脚并用，冲着熊一顿猛踢，让对手再也不敢靠近小驼鹿一步。

山鹑妈妈善于用计。要是掉队的小山鹑不幸被调皮的孩子抓住了，循声而来的它，会立马冲着孩子扑过去，然后假装不小心摔一跤，一瘸一拐的，耷拉着翅膀，让人误以为它救子心切，不小心受了伤。当孩子们的注意力被它吸引，放下小山鹑，转而去抓它时，它又立马恢复正常，扑打着翅膀飞走了。而此时，小山鹑早就逃之夭夭了。好一出声东击西、兵不厌诈！

鸟儿的劳动量

每天，天刚蒙蒙亮，鸟儿就起飞了。太阳下山后，它们才归巢。你有没有统计过它们每天的劳动量？

告诉你们吧。椋鸟每天劳动 17 个小时；家燕每天 18 个小时；雨燕 19 个小时；鹟的劳动时间最长，最少 20 个小时。

为什么它们要这么拼命地劳动呢？为什么不多休息休息呢？每天在树枝上唱歌、玩耍不是挺好的吗？

这是因为，它们的巢里有雏鸟，它们的肩上担负着养育雏鸟的重要责任。

一只雨燕，每天得往返 30~35 次，才能把饥饿的雏鸟喂饱；椋鸟需要往返 200 次；家燕至少需要 300 次；朗鹟需要 450 次。只有每天不停地劳动、寻找食物，才能为鸟宝宝们提供充足的食物来源和舒适的成长环境。

■森林通讯员 尼·斯拉德科夫

沙锥和鹬鹩的雏鸟

刚从蛋壳里钻出来的小鹬鹩，是个毛茸茸的小不点儿，眼睛还没有完全睁开，走路晃晃悠悠的，经常摔倒。

它的嘴上有个小小的、白色的疙瘩，那是凿壳齿。就是用这件利器凿破坚硬的蛋壳，它才能自己钻出蛋壳来。

这时候的小鹬鹩娇气得很，整天粘在爸爸妈妈身边，跟个小跟屁虫似的。而且，它不会自己寻找食物，要是爸爸妈妈不喂食物给它吃，它就会活活饿死。

不过，也别瞧不起它。长大以后，它可是一只残忍无情的猛禽，是啮齿动物的天敌。

　　跟小鹀鹋比起来，模样有点像小鸡的小沙锥就自立得多。它们一钻出蛋壳，就能站得稳稳的。才一天，它们就会离开鸟巢，不依赖父母的帮助，靠自己去寻找蚯蚓吃。有时，因为一条青虫，两只小沙锥还会蛮不讲理地打起架来。它们不怕水，也不怕敌人，遇到敌人还会很聪明地自己躲起来。

　　小沙锥之所以如此自立，全靠在蛋壳里提供的充足的营养，让它们一出生就塑造了强壮的身体。这也是沙锥的鸟蛋很大的原因。

　　跟小沙锥一样，小山鹬和小秋沙鸭也生得挺健硕的。刚出世，前者撒开脚丫子满世界乱跑；后者生来就会游泳，第一件事就是"扑通"一声跳进水里游个痛快。

　　小旋木雀算是最娇贵的了。在窝里待了足足两个星期，才不情不愿地飞出来。快三个星期了，还一天到晚啾啾地喊饿，让旋木雀妈妈给它嘴里塞好吃的，过着饭来张口的日子。这不，妈妈半天没回来给它喂食，它就把自己胀成了一个圆球，满脸的不高兴。

海鸥沙滩

　　一群小海鸥，住在一个小岛的沙滩上。

白天，在大海鸥的教导下，它们认真地学习着飞行、游泳和捕鱼。

晚上，它们睡在沙滩上的沙坑里。三四只共挤一个坑。在沙滩上，随处可见大大小小的沙坑，这都是海鸥们的杰作。

老海鸥呢，一边教孩子生存技能，一边细心地保护它们不受伤害。当有敌人进犯时，老海鸥们就派出声势浩大的空军队伍，驱逐危险分子。连凶残的白尾巴雕，也会被这阵势吓跑，一时半会儿不敢轻易再接近。

鲜艳的雌鸟

7月，从波罗的海到莫斯科，从阿尔泰山区到卡马河畔，不断有人写信告诉我们编辑部，声称见到一种稀罕的鸟儿。

它们长着艳丽的羽毛，活像钓鱼的浮标。不怕人，能淡定自如地在人面前东游西晃。

按照惯例，在羽族世界，雄鸟的羽毛颜色通常要比雌鸟鲜艳夺目。令人惊讶的是，这些颜色鲜艳的鸟儿，是清一色的雌性。当别的雌鸟正在窝里，为哺育雏鸟忙得焦头烂额的时候，这些鸟妈妈们居然成群结队地到处旅行。真是一种奇特的鸟儿。

这些小鸟，名叫鳍鹬，是鹬类大家族的成员。它们的家在遥远的北方，在寒冷的苔原之上。这些雌鸟只负责在沙坑里下蛋。至于孵蛋、哺育雏鸟的任务，则全部交由雄鸟负责。

可怕的丑八怪

河边悬崖上的黄鹂鸰巢里，娇小的鹂鸰妈妈刚孵化出六只光溜溜的小家伙。其中，五只长得有模有样的，唯独第六只是个丑八怪，怎么看都不像它的妈妈。它的个头略大些，脑袋瓜子大得出奇，两只眼睛异常突出，眼皮耷拉着，身上裹着粗糙不堪的皮。一张嘴，露出一张野兽般的血盆大口，保准能把你吓一大跳。

第一天，它安安静静地躺着不动。只有当父母衔着食物回来时，它才会扬起头，闭着眼睛，张开嘴，不争也不叫唤，等着鹂鸰妈妈把食物送到自己的嘴边。

第二天，黄鹂鸰夫妇一大早就飞出去寻找食物了。丑八怪这时骨碌骨碌地忙活起来。

它先低下头，一个劲地往后退。撞到别的兄弟后，把屁股塞到其中一个兄弟的身体下，同时用翅膀夹住，把兄弟捎在自己背上。然后，它继续往后退，一直退到鸟窝的边缘，再把背上的兄弟抬高到与鸟巢齐平。最后，猛地一掀屁股，可怜的小兄弟就被它无情地摔出了窝外。全过程一气呵成，历时仅两三分钟。

搞定后，它回到原处睡觉。等黄鹂鸰夫妇回来时，它像往常一样，扬起头，闭着眼睛，张着嘴。仿佛什么都没有发生过。

接下来的几天，它如法炮制，把剩下的几个兄弟也都陆续地摔出窝外。到了第六天，窝里只剩下它一个。现在没有其他孩子跟它抢食物吃了。

可怜的黄鹂鸰夫妇，仍被蒙在鼓里。至于那几个早夭的孩子，它们以为是孩子自己不小心掉出窝摔死的。

到了第12天，丑八怪的身上开始长出羽毛。现在才真相大白，原来这丑八怪是只小杜鹃。好吃懒做的杜鹃，喜欢把鸟蛋下在其他鸟类的窝里，让它们帮着孵蛋。黄鹂鸰夫妇真是倒霉透顶。

可是，夫妇俩舍不得将这只小杜鹃弃之不顾。它凄惨的叫声，活像死去的那几个孩子，让人根本硬不起心肠来。

于是，心善的黄鹂鸰夫妇继续每天早出晚归地辛勤劳动，到处奔波，为养子寻找食物，自己却饿着肚子，含辛茹苦地把小杜鹃养大。小杜鹃呢，整天在窝里睡觉，睡醒了喊饿，催着养父母要吃的，吃饱了继续呼呼大睡。

到了秋天，小杜鹃终于可以离巢了。它拍拍翅膀，径自飞走了。从此再也没有回来过。

熊宝宝洗澡

河的对岸，走过来四头棕色的熊。一只最大的，是熊妈妈。

一只比母熊略为小些，应该是熊哥哥。另外两只一路上活蹦乱跳的，应该是熊宝宝们。

它们打算干什么呢？

原来，它们是来给两只小熊洗澡的。

熊妈妈在一旁惬意地坐了下来。看来，给小熊洗澡的任务，交给了熊哥哥。

只见熊哥哥用嘴叼起其中一个小家伙，直接整个地往水里浸。小家伙大概是第一次洗澡，十分排斥。它嘴里发出尖利的叫声，四只小腿在水里乱蹬，激起不小的水花，全溅在熊哥哥身上。可是，熊哥哥不依不饶，坚持给它洗澡。洗得干干净净的，才放它下来。

在岸上的另一个小家伙，一看洗澡这么痛苦，趁机偷偷地钻到树林里去了。

回来的熊哥哥，发现另一个弟弟不见了。远远地看见，一抹小身影正往林子里跑去。它急忙追上去，硬是把调皮的小家伙给叼了回来，用同样的方法开始给它洗澡。小家伙也是一肚子的不情愿。

一不小心，小家伙掉入水中。着急的熊妈妈赶紧跳下水，眼疾手快地从水中救起小家伙，带回到岸上休息。小家伙吐出几口水，也就没事了。

经过在水里的这一番折腾，两个小家伙没有了之前对洗澡的排斥，反而喜欢上洗澡带来的凉爽。

对呀，夏天这么炎热，熊穿着毛茸茸的大衣，当然更热啊。每天到水里浸泡一会儿，可是它们的避暑良方呢。

树莓与越橘

夏天，浆果香甜的气味弥漫在空气里。

果园里，人们正在采摘树莓、红醋栗、黑醋栗和酸栗。一颗颗圆溜溜、红艳艳的浆果，把大伙儿的笑容都变得甜蜜蜜的。

树莓是一种丛生的灌木，在树林里也能很容易找到它。它喜欢长在向阳的小坡上，那里阳光充足。浆果的甜分，正需要阳光的促成。

它的茎很脆，要是你不小心踩到它，就会从脚底下传来一阵噼里啪啦的响声。不过，没事，它依靠地下茎繁殖。地面上这些挂着浆果的茎，只能支撑到今年的冬天，挨不过严寒。

有一些毛茸茸的、满是刺儿的小东西，在地面上只露出个头。这就是树莓的地下茎。等到明年这个时候，就该是它们挂满果实了。

越橘也是小灌木，长在灌木林里和草墩旁。

它的浆果是一串一串地结在茎梢上的，小巧玲珑，十分讨人喜欢。果子就快要成熟了，已经红了大半面。再耐心等几天，会更加美味的。有的茎梢深深地鞠着躬，上面结满既大又多的浆果。它是在感谢阳光和自然的馈赠吧。

越橘的浆果，可以保存整整一个冬天。吃的时候，或是拿开水冲泡，或是把它捣碎，都会有浆液流出来，保留着原有的新鲜。

为什么它可以保存这么长时间？因为它自带一种天然防腐剂，叫安息酸，也叫苯甲酸，可以防止浆果的变质与腐烂。

■尼·巴甫洛娃

猫的养子

我家的老猫今年春天生了几只小猫。可惜没几天，小猫全被送走了。

说来也巧，在同一天，我们从树林里捡回一只刚生下来没多久的小兔子。

老猫的奶水多，小兔子需要吃奶，于是，我们就把小兔子放在老猫旁。老猫很乐意给小兔子喂奶。日子久了，它们就一起生活，一块儿吃饭，一块儿睡觉，关系亲如母子。

让我们大跌眼镜的是，小兔子每天跟在老猫身边，居然学会了跟狗打架。猫狗素来不合，每当有狗进入我家院子里，老猫就会冲上去，对狗一阵猛抓。跟在后面的小兔子也会跑上前去，直立起身子，用前腿对着狗一顿猛拍。

老猫和它养子的关系可真好啊。

瞒天过海

在半空中飞行的鹞鹰，远远地看见，地上一只琴鸡妈妈正带着一群毛茸茸的小琴鸡觅食。

美味在前，刻不容缓，它立马调整方向，向地面俯冲下来，一副势在必得的架势。

可是片刻不到，它不得不刹车。因为它忽然发现，那些毛茸茸的小家伙一下子全都不见了，好像蒸发了一样，完全找不到任何踪迹。难道刚刚是自己眼花了吗？

煮熟的鸭子居然飞走了，它只好悻悻然地离开，去别处寻找吃的了。

等鹞鹰离开了，琴鸡妈妈又带着这群小琴鸡，悠然自得地散步。

咦，这是怎么一回事？

原来早在鹞鹰准备冲下来时，琴鸡已经发现了它。于是，它给孩子们下了指令，让它们躲藏起来。可是，这么多小琴鸡怎么能在瞬间就藏得严严实实的呢？难道它们会瞬间转移？

不，小琴鸡们当然不会瞬间转移。原来呀，它们只不过是躺在原地，身子紧贴着地面。你看，小琴鸡的颜色，跟地面上的树叶、土块很相似，从空中怎么可能把它们区别开来嘛。这就是它们的瞒天过海之计。

吃虫子的花

在沼泽地上，长着一棵草。细长的茎是绿色的，梢上挂着白色的钟形小花。茎的四周，长着一圈紫红色的、圆圆的叶片。叶片边缘，满是细细长长的毛。细毛上面，闪烁着一颗颗晶莹的露珠。

一只蚊子飞过沼泽。它飞得太久，也渴了，想找一个歇脚的地方，喝点水。眼下这棵看上去鲜嫩多汁的草，正合它意。于是，这只蚊子就停在其中的一片叶片上，伸嘴去吸那露珠。

可是，它没想到，这露珠具有黏性，它的嘴被粘住了，怎么也拔不出来。

紧接着，所有的细毛都动了起来，像千万只触手一样，牢牢地抓住蚊子，不让它逃跑。叶片此时也慢慢地收拢起来，把蚊子包裹在里面。

过了一会儿，叶片重新打开，蚊子原先停留的地方，空无一物。它被草吸收消化了。

这是毛毡苔，属于茅膏菜科，是一种著名的会捕食虫子的植物。凡是垂涎它叶片上露珠的，或是不小心掉到它叶片上的家伙，都不会落得好下场。

水底的打架

跟陆地上的动物一样，水里的动物也会时常打架。

池塘里有一条蝾螈。细长的身子，长长的尾巴，四条又短又粗的腿，跟蜥蜴有点像。

两只路过的小青蛙注意到了它，心生嫌弃，便决定逗一逗这个家伙："喂，对面的丑八怪，说你呢。你长得这么丑，是不是个怪物呀？"它们是第一次看到这种长得奇怪的动物。

可是，蝾螈并没有理睬它们。

喊了两声，还是没有收到回应。这两只小青蛙生气了，决定跟它打一架。一只咬住蝾螈的尾巴，一只咬住它的右前腿。使劲一拉，它俩居然扯断了蝾螈的尾巴和右前腿。两兄弟得意之余，却让蝾螈趁机溜走了。

过了一段时间，真是不是冤家不聚头，两只小青蛙又碰到了那条蝾螈。这回，它们可真遇上了怪物：蝾螈身上，原先尾巴断掉的地方，长出了一条右前腿；原先右前腿断掉的地方，长出了一条尾巴。两只小青蛙揉了揉眼睛，还是不敢相信眼前的事实。

蝾螈与蜥蜴，不仅在体形上相似，在自愈方面也相似。蜥蜴能在身体断裂处长出新肢体，蝾螈也能。而且在这方面的本事，蝾螈要比蜥蜴强大得多。不过，有时也会出点岔子，长得乱七八糟的，比如上面那条蝾螈。

景天的果实

有一种植物，叫景天。它长着许多厚厚的、灰绿色的小叶子。这些小叶子紧紧地围绕着茎，把茎都藏起来看不见了。开的花是五角星的形状，颜色很鲜艳，小小的，漂亮极了。不过现在已经过了花期，花儿都谢了。

景天的果实也长得像五角星，扁扁的。神奇的是，只要在果实的正中心滴上一小滴水，果壳就会自己打开，露出种子。再滴上几滴水，种子就会顺着水流出来。

原来，水能帮助景天传播种子。景天就是利用这一媒介，得以把种子传播到遥远的地方去安家落户。

■尼·巴甫洛娃

好玩的荷兰牻牛

荷兰牻牛是菜园子里常见的杂草。植株本身没什么看头，开的花也是稀松平常的紫红色。但是，它的种子非常好玩。

花谢后，在花托上会冒出像鹳嘴一样的东西，这是它的蒴果。每个蒴果里面，有5个果瓣，每个果瓣里各躺着1粒种子。

掰开蒴果，仔细观察，会发现种子有个尖尖的头，也有条弯弯的尾巴，毛茸茸的，下面螺旋似的扭着。

别小看这螺旋，它可以敏锐地感知空气的湿度，一受潮就会变直。在湿度计发明之前，人们就用荷兰犄牛果实的尾巴来测量湿度。

当种子掉落在地上时，尾巴就会牢牢地钩住小草，不被风吹跑；当空气中湿度增加，尾巴就会变直，插进泥土里，这样就把种子种到土里去了。你看，这是不是很神奇呀？

■尼·巴甫洛娃

小鸊鷉

在附近的小河里，经常能看到一两只类似小野鸭的鸟。它们虽然在叫声和体型上很像，但跟平常见到的小野鸭不一样。小野鸭的嘴是扁扁的，而它们的嘴是尖尖的。

某一天傍晚，我打算下水捉一只来仔细瞧瞧。它们的反应很敏捷。当我下到水里时，它们逃到了岸上。当我沿岸边追踪时，它们又跳回水里。就这样，它们在前面跑，我在后面追，可是怎么也追不上。到最后，我只能气喘吁吁地坐在岸边，眼睁睁地看它们悠闲地游来游去。

自从有了上次的教训，之后再见到它们，我就打消了追击它们的念头。

再后来，我从书里知道了它们的名字，原来是小鸊鷉。

■森林通讯员 阿·库罗奇金

铃兰

我家的院子里，临河栽着一排铃兰。这是我最爱的花，没有之一。

"空谷百合"，这是科学家林内给它取的拉丁文名字。它可真是名副其实的空谷百合！长而宽的嫩叶，恰似光滑碧绿的翡翠。小铃铛似的白色花朵，如同清绝脱俗的娇羞姑娘。它看起来是那么纯净无瑕，那么惹人怜爱。

它理应是在 5 月盛开的，但在我们列宁格勒一带，它的花期在 7 月。

一大清早，我就去河边采摘一束还带着露珠的铃兰，把它们带回家插在盛着水的瓶子里。到了晚上，整个房间里都弥漫着它那清幽的花香。啊，真是让人陶醉！

过了两天，我在叶子下面，找到了它结的果实。那是小巧的圆球形果实，橘红色的。

铃兰的花语是幸福，据说收到铃兰花就会受到幸运之神的眷顾。我要赶紧摘一些，给好朋友们送去幸运！

■森林通讯员 维利卡

天蓝色的草地

今天早晨起床后，我照例打开窗户，呼吸新鲜空气，却不想外面雾茫茫的。哎呀，草地怎么是天蓝色的？我赶紧揉揉眼睛，又看了几遍，还是天蓝色的。这是怎么回事？谁昨天晚上偷偷地把草地涂上颜料了吗？

我赶紧叫来爸爸，让他看这幅奇怪的景色。他告诉我，这是浓雾的杰作。草地上有露珠，绿色加上白色，就会变成天蓝色。我用颜料验证了一下，果然是这样的。远处还没有收割的燕麦田里，也是天蓝色的。

不过，我发现，天蓝色的草地上有几条绿色的小路，从丛林一直延续到板棚前。板棚里存放着麦子。啊，肯定是最爱偷吃麦子的灰山鹑留下的。它穿过草地时，蹭掉了草尖上的露珠，所以保留了青草的绿色。这绿色的小路，刚好暴露了它的行踪。

这不，灰山鹑正在打麦场上，带着一群小家伙，啄个不停。

■森林通讯员 维利卡

请注意森林防火

在天气干燥的日子里，如果你在树林里散步，随手丢下一根没熄灭的香烟，或是在林中露营没有将篝火完全熄灭就离开，林火就会因你的不经意之举而引发。

残留火种的火苗，起先会像小蛇一样，钻进附近枯叶和枯枝堆里，冒出小小的青烟。

这时，用带叶子的活树枝扑打，或挖土用泥土盖灭，靠一人之力就可以将其扑灭

如果小火苗从枯叶堆里蹿高，变成熊熊大火，就会立刻向四周蔓延，跳上灌木，爬上树干，形成燎原之势。

这时，个人无法控制火势，得赶紧去拉响警钟，通知大家一起救火。

如果不及时加以扑灭，它最终会变成嚣张恣肆的超级大火，将所有草木毁于一旦，造成严重的经济损失和环境污染。

星火可以燎原，在野外，千万注意用火安全！

林中大战（四）

第三块采伐遗迹，是10年前伐木工人冬天砍伐后留下的。如今，它也在小白杨和小白桦的统治之下。

战争的胜利者们霸占着这块空地，密密麻麻地矗立着，不给其他的物种留下一丝空间。

每年春天，野草都会坚持从泥土里钻出来，试图获得一席之地，但不久就都陆续枯萎了。头顶上这一片浓密的绿荫，吝啬地夺走了所有的阳光。

云杉每两三年就会派遣一批新的伞兵，向小白杨和小白桦挑战。不过，结局都是小云杉惨败。

随着小白杨和小白桦日益成长，它们之间的嫌隙却越来越大。有限的空间与资源，成为它们内讧的导火索。双方都想获得更大的生存空间，不管在地上还是在地下，它们都在拼命地排挤对方。

不仅不同树种之间彼此倾轧，同一树种内部也展开了激烈的争夺。强壮的小树，仗着自己发达的根系和茁壮的树枝，净欺负孱弱的小树。它蛮横地吸收着脚下的营养，挤占着头顶的天空，无一点怜悯之心。处于弱势地位的小树，因此丧失了争夺的先机，生生地被湮没在不见天日的树阴之下，日渐萎靡。

胜利者们每年也会开花，也会结种子。可是它们的后代，落在这采伐遗迹上的，全部窒息夭折了。谁能想到，它们是被前代活活逼死的。

云杉还是坚持不懈地运送着小伞兵。对于手下败将，胜利者们不把它放在眼里。这些微不足道的小家伙，更是没有引起小白杨和小白桦的注意。

尽管环境幽暗而潮湿，凭借着坚韧的勇气，小云杉们还是顽强地破土而出。不过，跟胜利者相比，又细又弱的它们，一看就知道营养不良。没有怨天尤人，也没有自暴自弃，小云杉在适应新环境的苛刻之后，继续默默地生存。

这里的环境，刚好弥补了小云杉的致命缺陷。暴雨突降，小白杨和小白桦淋成落汤鸡，低矮的小云杉却安宁地享受着雨水的滋润。狂风骤起，前者乱舞的树梢被吹折，后者脚边却微风习习。倒在地上的小白杨和小白桦，连同死去的野草，一起腐烂发热，让小云杉能够挺过冬季的严寒和早春的霜冻。自己无意中成了它们的保护伞，胜利者们对这一点还不自知。

至于阴暗，这根本对小云杉造不成伤害。因为它们天生就适应阴暗。

到底最后会怎样呢？是胜利者继续卫冕，还是小云杉成功逆袭？

让我们在第四块采伐遗迹上，一见分晓！

农庄生活
收获的时节

收获的季节到来了！到处都洋溢着丰收的喜悦。

黑麦田和小麦田现在是一片无边无际的金色的海洋。金色的麦浪，在风中激荡。麦穗密密地挂在麦秸上，上面的麦粒颗颗饱满。

庄员们的身影，在金色的海洋里时起时伏。他们正忙着收割。割麦机驶过，麦子一棵棵应声倒下。后面紧跟着的庄员，麻利地将麦穗捆好，整齐地堆成一垛一垛的。金色的海洋逐渐缩小，可金色的小丘却在田里如雨后春笋般一个接着一个地长出来了。

　　亚麻也到了该收割的时候。拔麻机速度飞快地运作着，女庄员们也在飞快地捆麻。她们灵巧的双手上下翻腾，很快就把亚麻捆成一束一束的。她们一边说着俏皮话，一边把捆好的亚麻堆成一个个小踩。

　　不久之后，眼前的这片金色的海洋，将会变成一道道金色的洪流，汇到农庄的仓库里去。

　　收割完黑麦、小麦和亚麻，庄员们还不能立刻休息。他们还得用犁耕好所有收割完的田地，用耙平整所有翻起的泥土，为秋播做准备。

　　而黑麦田里的常客——灰山鹑一家，面对光秃秃的麦田，只好无奈地搬家。它们要搬到春播的田里，去那儿寻找食物。

　　菜园子里也响起丰收的歌声。胡萝卜、甜菜以及其他各式各样的蔬菜，在阳光的催促下，都成熟了。庄员们正在采摘，丰收的果实装满一筐又一筐。欢声笑语在空气中回荡。

　　等全部采摘完了，他们要用马车和汽车把蔬菜运到火车站，再用火车把蔬菜运到城里。到时候，城里的居民们就能吃上新鲜的胡萝卜、喝上可口的甜菜汤了。

孩子们呢？

这段时期，在树林里，你随时会碰到一两个口袋里装得满满的孩子。树莓、越橘等野生浆果，鲜美的蘑菇和坚硬的榛子，都成熟了。它们吸引着一波又一波的孩子钻进森林里。如果他们够慷慨，还会分给你几个呢。

当然，除了贪嘴好吃，农庄里的孩子们更是勤劳能干的小帮手，他们不会忘记自己的责任。在大人们忙着收获的时候，他们会义不容辞地加入其中。

这不，黑麦地上，有细心的孩子在捡拾掉在田里的零散麦穗，不造成一点儿浪费。

亚麻地里，拔麻机还没有来，早就有孩子在那儿来回穿梭。他们在拔角落里的亚麻。因为他们知道，拔麻机得由拖拉机牵引，很难将躲在角落里的亚麻拔干净。

耐心的孩子，正蹲着身子，在马铃薯地里拔杂草。他们个个练就了一双火眼金睛，一下子就能把香蒲、滨藜、木贼这些杂草揪出来。

还有身强力壮的孩子，在刈草场上挥洒汗水。他们像大人一样，用肩膀扛着耙子，把散乱的干草耙成一堆，装到大车上，然后放进干草棚里去，准备牲畜过冬的食粮。

变黄了的马铃薯茎叶

在众多深绿色的马铃薯地里，有一块是黄色的。这块地的马铃薯，茎和叶都是枯黄枯黄的。它是那么显眼，不得不引起大家的注意。

正当大家百思不得其解的时候，一位有经验的女庄员路过，笑着跟大家说："这块地里的马铃薯是早熟马铃薯。昨天有一只公鸡早在我们之前就验证过啦！"

原来，早熟马铃薯的成熟时间比较早。当它的茎叶变成枯黄时，就意味着马铃薯成熟了。而那些深绿色的马铃薯地里，种的是晚熟马铃薯。

至于那只公鸡，它昨天跑到这块地上，左翻翻，右翻翻，好像发现了什么。然后，它跑回去邀请了一群母鸡，一起品尝新鲜的马铃薯。

白蘑出现了

在农庄附近的树林里，长出了一个白色的蘑菇。洁白如玉盘的它，菌盖中间往内凹陷，形成一个小坑。周围的穗子上，还带着清晨的露水。这是今年的第一个白蘑。

它四周的土是微微隆起的。这意味着，土下面还藏着更多的小白蘑呢。不信，你可以把土挖开看看。

新鲜的白蘑，口感嫩滑，用来炒菜、做汤，味道都是相当不错的。

夏夜的惊悚

夏天的晚上，经常能听到从树林里传来的一阵阵诡异的声音。有时，在顶楼式的屋顶上，不知有谁在黑暗里"呜呜"地叫，仿佛在喊："快走！快走！大祸临头……"

在这节骨眼上，要是不小心看到，漆黑的半空中有两盏圆溜溜的小灯发出绿色的幽光，接着一个黑影突然一闪而过，简直要把人吓得魂飞魄散。

无论是在林子里狂笑的，还是在屋顶上"呜呜"叫着的，都是猫头鹰。它们是夜行性鸟类，夜间出来寻找食物，常常惊吓到走夜路的人。

就是在大白天，从黑乎乎的树洞里面忽然钻出一个眼睛瞪得圆鼓鼓、嘴巴像钩子一样尖利的脑袋，也很容易吓到人。加上叫声实在让人瘆得慌，因此，猫头鹰并不招人们喜欢。

要是半夜里，谁养的家禽突然"咯咯""嘎嘎"地一片骚动，并且第二天早晨清点时发现失踪了几只小鸡，主人一定会严厉地把罪怪到猫头鹰的头上去。尽管它们并没有做什么。

分辨敌友

白天和黑夜，总有猛禽闹得农庄不安宁。昨天东家的小鸡被鸢鹰抓走了，今天西家的鸽子窝被游隼搅得一团糟。对猛禽恨之入骨的庄员们，不分青红皂白，但凡见到长着钩形嘴巴和锋利爪子的猛禽，都认为是该死的，一概不放过。

事实上，并不是所有的猛禽都是坏蛋。在抓之前，得分清楚，谁是有益的，谁是有害的。

那些猛禽，如果能消灭老鼠、田鼠、金花鼠这些偷吃庄稼的啮齿动物，或者消灭蚱蜢、蝗虫这些破坏植物的昆虫，即使长得可怕，也都是有益的。大角鸮和大鸮鹰是害鸟，即便如此，它们也经常抓啮齿动物当作食物。

昼行性猛禽中，老鹰最有害。我们平时见到的老鹰分为两种：一种是体型硕大的游隼，一种是个子小点儿的鹞鹰。它们是非常凶悍的鸟，会捕杀个头比自己还大的猎物。即使是吃饱了，也还是会毫不犹豫地把其他的小动物杀死。

很容易就能把老鹰与其他的猛禽区别开来。老鹰通常是灰色的，胸脯上有杂色的波纹。它的脑袋小小的，前额低低的，炯炯有神的眼睛是淡黄色的。飞行时，它在地上投射下的影子，翅膀是圆圆的、厚厚的，尾巴是长长的、直直的。

鸢的尾巴是分岔的，所以它飞行时投射到地上的影子，尾巴尖上有个凹三角的缺口，也很好辨认。它没有老鹰那么凶悍，不敢捕杀比自己个儿大的动物。它只会对弱小的对象下手，或是笨头笨脑的小鸡，或是腐烂已久的尸体。

大隼也是害鸟。它的翅膀窄窄的、尖尖的，像镰刀一样。飞行速度非常快，常常捕食那些飞在半空中的鸟儿，这样就能避免因扑了空而直接撞到地上的意外。

小隼鹰中，比如红隼，对我们是非常有益的。在田野的上空，经常可以看见它飞快地扑扇着翅膀，悬停着不动，搜索着草丛里的老鼠、蚯虫和蚱蜢，然后猛地俯冲下去。

至于雕，对我们来说，是利少而害多的。

鸟之岛——远方的来信

我们的船，在喀拉海东部上航行，前往目的地——比安基岛。

在途中，我们在洋面上看到一座倒立的山。山上大下小，悬空倒挂着，其上岩石层出不穷，让人惊叹不已。可航行这么久，我从来不知道水上竟有这么一座怪异的山。

后来，拍了拍脑瓜子，恍然大悟。这是物理学上的全反射现象，也叫海市蜃楼，是物体反射的光经过大气层折射而形成的颠倒过来的虚像。原理与照相机的取景器一样。在北冰洋上经常能碰上它。

　　过了几个小时，我们终于来到了比安基岛。它位于诺尔勒歇尔特群岛的海湾入口处，稳稳当当地矗立在海平面上。它的命名，是为了纪念一位俄罗斯科学家，也是这本《森林报》所纪念的那位——瓦连京·利沃维奇·比安基。我猜，大家肯定都急切地想知道这座岛是什么样子的吧。

　　这座小岛，是由许多岩石杂乱堆砌而成的，既有庞大的圆形石头，也有方方正正的板岩。岩石间，不见青草和灌木的身影，只稀疏地点缀着几朵淡黄色和鹤白色的小野花。在背风、朝南的岩石下，长满了矮矮的地衣和苔藓。这儿的一种青苔，长得很像常见的平茸蕈，软软的、肥肥的。之前我从没有在任何地方见过这样的青苔。

　　在坡势较缓的海岸边，有一大堆从远方漂来的木头，有完整的圆木、结实的树干和轻巧的木板。它们也许漂了几万千米的路程才来到这儿。屈起手指在木头上轻轻地敲几下，能听到清脆的声音。它们都被太阳和海风弄得干透了。

　　现在已经是 7 月末了，但这里的夏天才刚刚开始。在小岛边，还是能看到那些冰山、冰块静静地漂过去，漂向远处。浓厚的雾笼罩着小岛和海面，能见度极差，从岛边经过的船，只能大略地看到桅杆的轮廓。话说回来，船只一般很少经过这里，我们是例外。岛上人迹罕至，动物们见到人也不觉得害怕。正如古话说的，只要身上带点盐，撒到它们的尾巴上，就能不费劲地把它们捉住。

这个小岛是鸟的天堂。在这里生活着许多鸟儿，有野鸭、天鹅、大雁、潜鸟，以及各种各样的鹬。它们随意而自由地在岛上安家，倒也没出现几十只鸟争夺一块岩石筑巢的混乱场面。再往高处走，海鸥、北极鸥和管鼻鹱的巢建在光溜溜的岩石上。

这里的海鸥，什么样的都有，有全身雪白而翅膀黑色的，也有那种长着粉红色羽毛、尾巴像叉子一样分开的，还有专吃鸟蛋与小鸟和小兽、体形硕大而性情暴躁的北极鸥。

浑身雪白的北极大猫头鹰也住在这座岛上。旁边住着雪鹀，它们长着美丽的白翅膀和白胸脯，擅长像云雀一样飞到云霄里唱歌。北极百灵鸟在地上边跑边唱，它们的头顶上竖着一对黑色的小犄角，脖子上长着几绺黑色的胡子。

我带了早点，在海岬边坐了会儿。很多旅鼠从身旁急匆匆地跑过。这些小家伙毛茸茸的，身上灰色、黄色和黑色相间。

这里北极狐也很多。我曾经在乱石堆里看到过一只。那时，它正蹑手蹑脚地准备向一窝还不会飞的小海鸥下手，不巧被警觉的大海鸥发现，接着又被大海鸥的集体攻势吓得赶紧夹着尾巴逃走了。这里的鸟儿很会保卫自己，也绝不会让孩子被欺负。如此一来，这里的野兽可就遭殃了。

远处的海面上，有很多鸟儿在游水、捕鱼。无聊的我乘兴吹了个口哨解闷，却发现岸边的水里忽然钻出几只小海豹。

它们的黑色圆脑袋油光发亮，一双双乌黑的眼睛好奇地打量着我。仿佛在议论："这是打哪儿来的家伙？为什么要吹口哨？"

它们的身后，在稍微远一点的水里，出现了一只体型更大的海豹。那应该是成年海豹。再往远处走，是一些长着胡子的海象，他们的身体要比海豹大得多。

突然间，所有的海豹和海象都钻进了水里，半空中的鸟儿飞往更高的天空。原来，一只北极熊正从小岛附近游过。水面上只露出它的一个脑袋，远远地还以为是一个圆球在水上漂浮。它是北极地区最凶猛的野兽，其他动物都避而远之。

直到肚子唱起了空城计，我才意识到自己带来的早点还没吃。我明明把它放在身后的一块石头上的，可是现在却怎么也找不到了，石头下面也没有。我赶紧起身。

从石头下蹿出一团毛茸茸的东西，一眨眼就溜开了。原来是一只北极狐。哈哈，这就是偷我早点的小偷。你瞧，它的嘴上还衔着早点的包装纸呢。

可怜的北极狐居然沦落到偷早点吃，可以想见这岛上的鸟儿是多么精明。不是吗？

ＮＯ.6 结 队 飞 行 月

（夏季第三月）

8 月 21 日—9 月 20 日太阳进入室女宫

太阳的诗篇—— 八月

8 月，是光彩熠熠的月份，也是夏天的最后一个月。晚上，一道道流星从夜空中划过，承载着许多的愿望，无声地照亮天空。

草地在这时换上最后一套夏装，五彩缤纷的。花儿大多是深蓝色的、淡紫色的。阳光逐渐收敛耀武扬威的架势，慢慢地减弱了。草儿们开始收藏临别的夏日记忆。

大块头的蔬菜和水果，现在也快全部成熟了。树莓、越橘、蔓越橘、山梨都陆续迎来了熟透的时刻。

一些蘑菇钻出地面来了。但它们不喜欢火辣辣的太阳，一个个躲在阴凉的地方避暑。

林子里，树木的生长都停滞了，高矮与粗细现在定了下来。

再想生长，得等到来年的春天了。

森林里的新规矩

森林里的新生儿们先后长大，从窝里爬了出来。

在春天，鸟儿们成双成对，住在固定的领域里，彼此泾渭分明。可现在，它们带着小家伙们，满林子地走东串西，相互拜访。其他的居民也是一样。

那些个猛禽和猛兽，此时也到处游荡，四处觅食，不再严守着自家的门槛。反正野味到处都有，不用担心不够吃。

黄鼠狼、貂和白鼬整天在树林里溜达。不论在哪儿，它们都能轻松地找到猎物，或是涉世未深的小兔子，或是呆头愣脑的小雏鸟，或是麻痹大意的小松鼠。

鸟儿们集合成一群一群的，有的在树林间旅行，有的在校练场上训练。

于是，森林里出现了新的规矩。

我为人人，人人为我

要是谁先发现了敌人，就得第一时间发出尖锐的警报，通知大家赶紧逃走。

要是谁不幸遇上祸事，被敌人盯上了，大家就一齐冲上去，包围敌人，大吵大闹，用尖嘴啄，用翅膀赶，吓得敌人连忙撤退。

无数双眼睛和耳朵时刻警戒着敌人的来犯，数不清的尖嘴和翅膀时刻准备着击溃敌人。这就是集体的力量，也正是雏鸟们要学的第一课。加入鸟群的雏鸟，当然是越多越好，这样它们会更安全。

在鸟群中，雏鸟们得遵循规矩：它们的一举一动，都得模仿老鸟。老鸟们不紧不慢地啄麦粒，它们也要不紧不慢地啄麦粒；老鸟们把头抬得高高的一动也不动，它们也要把头抬起来一动也不动；老鸟们逃跑，它们也得紧跟着逃跑。

校练场

鹤和琴鸡都有一块广阔的校练场，方便雏鸟学习、训练。

琴鸡的校练场在树林里。小琴鸡聚集在那儿，站在一块儿，一边目不转睛地盯着琴鸡爸爸的一举一动，一边认真地模仿着。

琴鸡爸爸咕噜咕噜地叫，小琴鸡们也跟着咕噜咕噜地叫。琴鸡爸爸"啾弗——费！啾弗——费"地叫了几声，小琴鸡们也迫不及待地叫着"啾弗——费！啾弗——费！"不过，跟琴鸡爸爸雄浑嘹亮的声音相比，小琴鸡的声音是奶声奶气的。

大家都还记得琴鸡爸爸春天时的叫声吧。这会儿琴鸡爸爸的叫声，跟那时稍微有点儿不同。在春天，它大声地喊着："我要卖掉皮袄！我要买件大褂！"这时却变成了："我要卖掉大褂！我要买件皮袄！"

小鹤拍着翅膀，出现在空中的校练场上。它们要学习的，是怎么在飞行时排列成"人"字形。这是它们必须要学会的。只有学会这种队形，在长途飞行时，它们才能节省力气，飞得更远更久。

"人"字队形，像一艘在天空中航行的小船。飞在船头位置的，是领队，是全队的先锋，担负着劈风斩浪、勇往直前的重要使命，同时控制着全队的飞行方向和飞行节奏，是相当艰巨的任务，非得由最强壮的老鹤担当不可。

当领队老鹤飞累了，就会退到队伍的末尾休息一下。由其他身强力壮的老鹤顶替它原先的位置，继续向前。

在领队的带领下，小鹤们跟在后面飞行，进行着练习。它们按节奏拍打着翅膀，一只紧跟着一只。力量强壮一点的小鹤，飞在前面；身体弱一些的小鹤，飞在后面。没有一只掉队。

除了在空中校练场训练，小鹤们还得到其他的校练场继续学习。

"咕尔，勒！咕尔，勒！"随着一声命令，它们一只接着一只地在田野空地里降落下来。接下来，它们需要在这儿学习跳舞、练习体操。跟着节拍，迈着舞步，旋转身子，拍打翅膀，做出各种灵巧的动作。它们还得用嘴把一块小石头抛到半空中，再用嘴稳稳地接住。

尽管训练很累，但它们没有发出一句怨言。它们知道，这是在为不久后的迁徙做事先的准备。

小蜘蛛的飞行

蜘蛛虽然没有翅膀，但是也会飞行。

在晴朗有风的日子，小蜘蛛着手准备它的飞行。

它先从肚子里抽出一根蛛丝出来，挂在灌木枝上。接着顺着蛛丝，滑到地上，用八只小脚牢牢地抓住地面。悬挂下来的蛛丝，在风中左右摇晃。放心，柔韧像蚕丝般的蛛丝是不会轻易被吹断的。

然后，它继续抽丝，细密地缠在自己的身上，越抽越长，越缠越密，简直像一个蚕茧。但小蜘蛛还是继续抽丝。

此时，风变得越来越大。忽然一阵大风吹来，停止抽丝的小蜘蛛迎着风，咬断挂在灌木枝上的那一头，被风吹走了。原来，小蜘蛛是这样起飞的。

它跟着风，在空中飞行，飘过草地，擦过树梢，越过小河。"驾驶员"探出头来，望着下面，心里盘算着在哪儿着陆比较合适。

啊，这里！不知道是谁家的院子，角落里堆着粪堆，一群苍蝇正在上面飞舞。这个地方不错。

选定了心仪的场所，小蜘蛛开始用爪子把身上的蛛丝收拢起来，缠成一团。于是，它慢慢地降落下来。

最后，蛛丝的一头挂在了青草的叶子上，它安全地着陆了。以后，这里就是它的新家。

在秋日，小蜘蛛们就会这样利用风和蛛丝，在空中飞行。上了年纪的老人看到了，就会意味深长地说："秋天到了。"在他们眼中，银色的蛛丝，就像是秋天的白发，在空中飘荡。

林中趣事记

一只山羊吃光一片树林

这可不是开玩笑。在我们那儿，一只山羊真的吃光了一片树林。

事情还得从头说起。

一位守林人买了一只山羊，把它用绳子拴在草地里的一根柱子上。没想到，半夜山羊挣断了绳子，逃走了。

守林人找了三天，都没能找到它。周围都是树木，谁也不知道那只山羊去了哪儿。幸好那一带没有狼、豹等猛兽。

第四天，山羊自己回来了，朝着守林人咩咩地叫着，似乎在说："我回来了。"他也没把这件事太放在心上。

后来，附近的一位守林人急匆匆地跑来了。原来，山羊把他负责的山头上的一片小树苗全都吃光了。这可不就是把一片树林都给吃光了吗？

看来呀，树苗太弱小了，完全不能保护自己，没有能力反抗其他动物的欺负和蹂躏。可怜的守林人又得重新种上一批树苗喽。

■森林通讯员 维利卡

强盗的下场

黄篱莺成群结队，在树枝间到处飞，一会儿从这棵树跳到那棵树，一会儿从那个枝头跃上这个枝头。它们在仔细地搜寻着青虫、甲虫、蜗牛、蝴蝶和飞蛾，这是它们最爱的点心。树叶背面、树缝里、树皮间，不放过任何一个角落。

忽然，响起一声惊惶的"啾咿"！这是来敌警报。所有的小鸟儿都立刻警惕起来。树枝下面，一只狡猾的貂正在悄悄地接近，两只眼睛里净是狠毒贪婪的目光，它时而从灌木丛里露出黑色的背，时而消失在枯木之间。

"啾咿！啾咿！"撤离命令从四面八方传来，所有的小鸟都赶紧撤离了那棵大树。

在光线充足的白天，很容易就能发现敌人，所以大家都能顺利地逃脱。最害怕的就是黑暗的夜晚。当鸟儿在窝里熟睡时，危险悄无声息地降临。在夜色的掩盖下，猫头鹰偷偷地将利爪扼住它们的喉咙，让它们措手不及。即使它们反应过来，也为时已晚。

眼下这会儿，这群黄鹂莺跳过树枝和灌木丛，穿过浓密的树叶，钻进了最隐秘的角落里。

在林子中间，有一个粗大的树桩子，上面长着一簇样子奇怪的木耳。

一只好奇的黄鹂莺，壮着胆子，凑到木耳跟前，探着脑袋看看那儿有没有可口的蜗牛。

可是，木耳突然动了。那灰色的菌帽掀了起来，露出下面的一双圆圆的眼睛、一只鹰钩嘴和一张猫脸。呀，这木耳居然是只猫头鹰！

黄鹂莺吓坏了，赶紧跳开身子，焦急地发出"啾咿"的叫声。

躲在隐秘角落里的其他小鸟儿骚动起来，全都飞了出来，集合在一块儿，把猫头鹰团团围住。"啾咿！啾咿！""啾咿！啾咿！"叫个不停。看来它们是在声讨猫头鹰之前的强盗行径。

林子里的其他鸟儿，听到了黄鹂莺的叫声，纷纷赶了过来。戴菊鸟从云杉树上飞了下来，山雀从灌木丛里钻了出来，它们一起加入声讨的队伍。顿时，各种鸟儿的叫声混合在一块儿，指向罪魁祸首。哎呀,猫头鹰平日里树敌不少啊。

猫头鹰呢,斜乜着眼,嘴巴一张一合,一副心不在焉的模样。

黄篱莺、山雀和戴菊鸟尖利的叫声,引来了不少平时饱受猫头鹰欺侮的其他鸟儿。连强壮的松鸦也赶了过来,不是一只,而是一群。

一看森林里的壮士松鸦过来了,猫头鹰坐不住了,赶紧拍打翅膀,逃之夭夭。不然会被松鸦活活啄死的。

猫头鹰的逃走,并没有让松鸦放弃追踪,它们不依不饶地跟在后面,一直到把猫头鹰赶出了森林。

这下子,在一段时期内,黄篱莺总算可以在晚上睡安稳觉了。至于猫头鹰,它短期内是不会回来的。

草莓的后代

在森林的边缘,红色的草莓成熟了,一颗颗诱人地挂在茎梢上。鸟儿见了这可口的果子,喜欢得不得了,就停下来,敞开了肚皮吃,心满意足之后才飞走。草莓的种子就跟随着鸟儿,传播到遥远的地方去了。

可是,草莓的繁殖并不仅仅依靠鸟儿。有一大部分草莓的后代,依靠匍匐茎繁殖。它们仍留在老植株旁边,与之一脉相连。

瞧,眼前的这棵草莓,已经长出了几条细长的藤蔓。这些藤蔓匍匐在地上，所以称为匍匐茎。在匍匐茎上，可以长出新的植株，包括小叶子和根的胚芽。手中的这根匍匐茎上，已有了三棵小小的草莓植株。其中的一棵，长出的小根都深深地扎进泥土里去了。另外两棵上的根，都还没有探出头来。

沿着藤蔓，以老植株为中心，新植株向四周发散出去。以每一个新植株为中心，更新的植株继续向四周发散出去。草莓就是以这种方式，一圈一圈地向外繁殖的。

■尼·巴甫洛娃

可以吃的蘑菇

夏日的雨后，森林里长出了各种各样的新鲜蘑菇。下面介绍几种可以食用的蘑菇。

松林里，是最容易长蘑菇的地方。

其中最好的蘑菇，是厚厚肥肥的白蘑。它的菌盖是深栗色的，闻起来香气怡人，让人觉得非常舒服。

在路边的浅草丛中，油蕈冒出地面来了。它有时候也长在路当中的车辙里。还是嫩芽时的它，像小小的绒球，好看极了。但是，不知什么原因，它总是黏黏的，菌盖上老会粘着东西，要么是落下的松针，要么是细细的草秆，要么是别的什么东西。

除了白蘑菇和油蕈，松林里的草地上，还会长一种棕色的蘑菇。菌盖上，中间往下凹，边缘突起。它最大的跟小碟子差不了多少，菌盖被虫子咬得千疮百孔的。不过无碍，口感最好的，不是那些很大的，而是比铜钱略微小一点的那种。

云杉林里，也会长白蘑菇和棕色的蘑菇，但跟松林里的不一样。这里的白蘑菇，菌盖的颜色有点儿发黄，菌柄更细长。棕色的蘑菇，就更不一样了，菌盖上有一圈一圈的纹理，有点像年轮。

白桦树下和白杨树下长的蘑菇，分别叫白桦蕈、白杨蕈。根据它们生长的地方而命名。白杨蕈紧紧地倚靠着白杨树的树根，不离不弃。白桦蕈呢，对距离不挑剔，即使是在离白桦树很远的地方，它也能照样生长。白杨蕈的模样很可人，菌盖和菌柄都像被细心地雕刻过了似的，端端正正的。

■尼·巴甫洛娃

毒蘑菇

森林里也会长毒蘑菇。这些毒蘑菇，可千万吃不得。

可以食用的蘑菇，大多数是白色的，但也有白色的毒蘑菇。这种毒白蕈，是所有毒蘑菇中毒性最大的一种。即使误食一小块，也能叫人断送性命。

幸好，毒白蕈容易辨认。它与一般的可食用白色蘑菇的明显差别在于菌柄的形状。毒白蕈的菌柄，仿佛是插在细颈花瓶里的一样。据说，它容易与香蕈混淆，因为两种蘑菇的菌盖都是白色的。但香蕈的菌柄很普通，一点儿都不像插在花瓶里。

与毒白蕈最像的，是毒蝇蕈。后者甚至被人称为白毒蝇蕈。如果把这两种蘑菇画在纸上，真的很难将两者区分开来。跟毒白蕈一样，毒蝇蕈的菌盖上也有白色的碎片，菌柄上也围着领子似的东西。

胆蕈和鬼蕈，这两种危险的毒蕈，也很容易被当成白蕈。它们不同于白蕈的地方在于菌盖的背面是粉红色或红色的，而白蕈菌盖背面是白色或浅黄色的。再有，如果把白蕈的菌盖捏碎，还是白色的。而胆蕈和鬼蕈的菌盖捏碎后，起初是红色的，后来又变成黑色的。

在采摘蘑菇时，一定要区分清楚毒蕈和白蕈，小心误食。

■尼·巴甫洛娃

纷飞的"雪花"

昨天，附近的湖面上，出现了令人疑惑不解的一幕：轻飘飘的"雪花"到处纷飞，下了一整天。它们在半空中自由地回旋、翻腾，眼看着要贴到水面上了，却又见它们腾空而起，继续回旋。

问题是，天空中万里无云，灼热的阳光烘烤着大地，周围丝毫没有风的迹象。唯独湖面上"雪花"飞舞。

今天来到湖边，"雪花"全落在地上，干巴巴地贴着，湖面和湖边白茫茫的一大片。

这些"雪花"真奇特，在阳光下，既不会受热融化，也不会闪闪发光。用手触摸，不是冰冰凉凉的触感，而是暖暖的、脆脆的。

仔细端详，才恍然大悟，这些"雪花"，其实是昆虫，是长着翅膀的蜉蝣。

昨天的"雪花"，正是它们在湖面上起舞。

在这之前，它们以丑陋的小幼虫模样，在湖底待了整整三年，以淤泥和水苔为食物。

三年之后，它们从水里出来，爬上岸，褪去幼虫皮囊，变成成虫。成虫长着一对轻盈的翅膀，尾部拖着3条细长的线。它们只有一天的寿命，朝生暮死，所以被人称为"短命鬼"。

整整一天，它们在半空中尽情地嬉戏、玩耍，享受生命最欢乐的时刻，绽放最绚烂的色彩。当黑夜降临时，它们的生命就到了尽头，尸体便洒满了整个湖面和岸边。

像蜻蜓点水那样，雌蜉蝣把卵产在水里。这些卵，将孵化成幼虫，然后在黑魆魆的湖底生活三年。三年之后，将又是新一批蜉蝣成虫，展开翅膀，飞上湖面。

绿色的朋友

应该种什么树

你知道在我们国家，该用哪些树来营造绿色森林吗？

为了适应全国各地的生存环境，科学家们精心挑选出了16种乔木、14种灌木，作为造林的树种。这些树木，可以在任何地方安家。

其中，最主要的树木有栎树、桦树、杨树、柳树、椴树、榆树、松树、桉树、梨树、槭树、洋槐、蔷薇、醋栗、苹果树、落叶松、花楸树、锦鸡儿等。

每个热爱绿色森林的孩子，都要知道并熟记这些树木的种类。在日常生活中，注意收集这些树的种子，为培育苗圃出一份力。

■森林通讯员 彼·拉甫罗夫 谢·拉利奥诺夫

机器种树

为了造林，需要种成千上万棵树木。光靠双手，可忙不过来。这时就轮到能种树的机器出场了。

科学家们运用知识与智慧，创造出各种各样的种树机。这些种树机，不仅能播种树木的种子，还能栽种小树苗。

大家各司其职。能整地的机器，负责平整清理土地；能挖池塘的机器，负责挖掘池塘蓄水；能在峡谷边种树的机器，负责在峡谷里种上不同种类的树木；能栽种林带的机器，负责栽下一排排整齐的树林带；还有负责照料小树苗的机器，日夜不停地随时监护着幼小的苗木。

有了这些机器的帮助，造林的效率提高了。绿色的森林指日可待。

新的水库

在列宁格勒附近，有很多大大小小的河流、湖泊和池塘。它们的存在，使夏天变得不那么炎热难耐。

但是，在克里米疆区，湖泊、池塘少得可怜，只有一条小河从这里流过。到了炎热的夏天，连小河也干涸了。孩子们卷起裤脚儿，就可以光着脚从河床上走过去。因为水的缺乏，加上高温的炙烤，这里的蔬菜园、果木园和庄稼地老是闹旱灾。

为了解决这个问题，庄员们集体动员，开挖了一个水库。于是，出现了一个巨大的湖。河水全都注入湖里，湖面上水波荡漾。这个水库可以贮水500万立方米，这些水足以满足蔬菜、瓜果、庄稼的灌溉需求。这下，这里就不会再闹旱灾了。还可以在湖里养鱼、养虾、养水禽，真是太好了！

林中大战（五）

第四块采伐遗迹，年代久远，大概是 30 年前伐木工人留下的。

在这块遗迹上，孱弱的小白杨和小白桦，都被强壮的兄弟姐妹们欺侮死了。现在，在丛林的下层，只剩下小云杉还顽强地活着。

当小云杉在树阴下悄无声息地生长时，已经长得高大粗壮的白杨和白桦，依旧在上面闹内讧，一刻也不停歇。长得比较高的那棵树，成为内讧的胜利者，肆无忌惮地欺压着旁边的树，占取它们的空间和资源。

战败者陆续倒在地上。原本浓密的绿色树阴，出现了大大小小的窟窿。明亮的阳光从窟窿里直泻而下，晒在小云杉的头上。习惯了阴暗的它们，被突如其来的阳光吓晕了脑袋。

经过一段日子，小云杉总算适应了光亮，慢慢地恢复了原来的生机，一个劲地往上直蹿。它们还换掉了身上的针叶。不久，它们中最高的，已经与白杨、白桦一般高了。其他健壮的云杉，也纷纷将头钻到上层来了。

云杉来势汹汹，让忙着相互倾轧的白杨和白桦措手不及。它们还没来得及缝好那些窟窿，敌人就蹿到面前来了。这时候，它们才意识到：当初自己麻痹大意，居然愚蠢地引狼入室，造成现在的局面，真是悔不当初！

时隔多年，云杉与白杨、白桦的大战继续开战。

猛烈的秋风刮来，揭开了这些仇敌之间的白刃战的序幕。那个激烈程度，可无法用言语来形容。它们纷纷扑到对方身上，拼命地用树枝鞭打着对方，"啪啪，啪啪"。到处都可以听到短兵相接的声音。

就连平日里说话轻声细语的白杨，这会儿也在秋风的刺激下，兴奋地挥舞着树枝，想折断身边云杉的枝条。不过，它的枝条不够坚韧，力度也不够。云杉才不惧怕它们。

与之相反，粗壮的白桦力度很大，枝条也柔韧。即使是在细微的轻风中，它也能来回摆动弹簧似的树枝。它要是把身子晃一晃，周围的树都得小心地避开，白桦的攻击范围可不能小觑。现在，它正在与云杉激烈地搏斗着。柔韧的白桦枝条抽打在云杉身上，云杉的针叶就会一簇一簇地被抽断。结实的白桦树干撞到云杉身上，云杉的树皮就会东少一块西少一块。

白杨的攻击，云杉压根儿不放在眼里。可是，面对白桦的攻击，云杉就完全招架不住。云杉很坚硬，不容易折断的同时，意味着不容易弯曲，那笔直的树枝完全挥动不起来。在肉搏战中，它只能乖乖地挨揍。

要想知道这场林中大战的结果，要么在这里等上好几年，要么去森林里寻找大战已经结束了的其他地方。我们的通讯员选择了后者。

具体情况，下一期《森林报》将继续报道。

农庄生活
忙碌的田野

在各个农庄里，现在是最忙的时候。大伙儿都在忙着收割地里的庄稼。

他们先收割黑麦，接着收割小麦，再轮到大麦、燕麦，最后收割的是荞麦。

收获后第一批最好的粮食，是要交给国家的。每一个农庄都如此。每一条从农庄到火车站的路上，都车水马龙。到处都是运输粮食的汽车和马车。每一辆车上都装得满满的。

拖拉机还没有休息，它们依旧在田间地头轰隆隆地响着。结束了秋收与秋播，现在得为明年的春播翻耕土地。

夏季甜美的浆果已经过时，可果园里，苹果、梨、李子等，都成熟了，一个个沉甸甸地挂在枝头。

树林里迎来了蘑菇的热潮，随处可见刚钻出地面的新鲜蘑菇。湿润的沼泽地附近，蔓越橘的脸庞红彤彤的，在阳光下闪烁着。

嘴馋的孩子们呢？他们三两成群，正用长长的棍子打一个个黄澄澄的山梨。

可怜的山鹑

可怜的灰山鹑一家，最近接二连三地遭殃。

到处都在收割。喜欢住在庄稼地里的雄灰山鹑，不得不带着全家到处挪窝。起初住在秋播地里，后来换到了春播地里。现在，它们又被迫从这块春播地里挪到那块春播地里。可每一次搬家，都不能久住。

后来，它们躲进了马铃薯地里。但那里也不安宁。

庄员们来挖马铃薯了，孩子们也跟来了。马铃薯收割机灵巧地把马铃薯一个个拔出来，装进篮筐里。不一会儿，马铃薯地就秃了一块。孩子们在地里点起篝火，把捡来的马铃薯扔进火里，烤着吃。每一个孩子的脸上，都被小黑手抹得漆黑漆黑的，像极了花脸猫。

无奈的灰山鹑，只好从马铃薯地里搬出来，另觅佳处。它的雏鸟已经长大了，跟灰山鹑像是一个模子里刻出来的。

搬到哪里好呢？灰山鹑环顾四周，忽然眼前一亮。秋播的黑麦已经长得很高了，是个不错的藏身之地，于是，灰山鹑一家就把新家安在了那里。希望这一次，它们能够安稳地享受新环境。

对付杂草的策略

在只剩下光秃秃麦茬的地里，散落着杂草的种子。它们生发出根茎，深深地藏在泥土里。它们悄悄地埋伏着，焦急地等待春天的来临。春天一到，马铃薯刚种下，它们就开始活动起来，妨碍马铃薯的正常生长。

这可怎么办呢？可不能让它们得逞呀！

别担心，庄员们自有办法对付这些家伙。他们打算用计策欺骗野草，再把它们一网打尽。

他们把粗耕机开进了麦田。粗耕机在地里来回耕作，一面把杂草的种子翻到地里去，一面把它们的根茎切成一段一段的。

庄员们的这番动作，加上暖和的天气、松软的泥土，让杂草误以为春天来了。它们纷纷发芽，钻出地面。根茎也发芽了。麦子收割完的麦田里，披上了一层浅浅的绿色。

哈哈，杂草上当了！不过这会儿不急着铲除，由它们去吧。

等杂草差不多全长出来了以后，庄员们会在秋末，把麦田再耕一遍。到时，它们就会被翻个底朝天。这样，它们就会在冬天被冻死。

愚蠢的杂草，你们想欺负马铃薯？做梦！

虚惊一场

一种紧张的气氛弥漫在林子里。

鸟兽们不苟言笑地，时刻关注着森林的边缘：在那里，出现了一群人，他们在往地上一行一行地铺着干的植物茎。

哎呀，这肯定是一种新型的捕猎器！他们准是在谋划怎么抓住我们！

一时间，林中居民个个惶惶不安。

其实，这不过是虚惊一场。

那些人是农庄的庄员们。那也不是新型的捕猎器，只是寻常的亚麻。

他们把亚麻在地上铺成薄薄的一层，是为了让它们接受雨水和露水的浸润。这样，茎里的纤维，就能很容易地取出来了。

黄瓜的愤怒

菜园里，黄瓜愤怒的指责惊动了其他的蔬菜。

"那些烦人的庄员，老是隔三岔五地来一趟。每次来，都会把绿色的黄瓜小伙子摘走，打扰我们的生长。真是太过分了！让我们自在地成熟变老，难道不行吗？"

黄瓜的愤怒，庄员们可听不到。他们依旧我行我素。他们在地里留几根黄瓜作种，其余的，都趁着绿的时候摘走了。绿色的黄瓜，鲜嫩多汁，口感正好。等成熟了，就不能吃了。

扑空的蜻蜓

一群蜻蜓扇动着翅膀，飞到农庄的养蜂场里。它们美美地以为，这回可以捉蜜蜂吃个够。不曾想，扑了个空，蜜蜂并不在那里。蜻蜓们大失所望。

那么，那些蜜蜂现在在哪里呢？

原来，7 月中旬以后，蜜蜂就搬到森林里去了，那里的帚石楠花正盛开着。它们得抓紧时间酿制甜蜜的帚石楠花蜜。等花儿凋谢了，它们就会搬回来。

■尼·巴甫洛娃

秋

NO.7 鸟儿离乡月

（秋季第一月）

9 月 21 日—10 月 20 日太阳进入天秤宫

太阳的诗篇——九月

9 月，秋季的第一个月，开始了。

与春天一样，秋天也有一份工作时间表。不过，秋天的工作内容，与春天正好相反，是从空中开始的。天空终日愁眉不展的，阳光越来越少，乌云越来越多。风也越来越大，越来越爱哭号。

树枝上的树叶，渐渐地换了颜色，有的发黄，有的变红，有的变成褐色。秋天的山谷间，层林尽染，像一幅色彩饱满的油画。在叶柄与枝条的连接处，出现了一个衰老的圆环。得不到充足的阳光，树叶就会很快枯萎，不复原先的碧绿鲜亮的色彩。

随着时间推移，它们会慢慢地从枝头上飘落下来，即使是平静无风的日子里。金色的银杏叶、黄色的桦树叶、红色的白杨树叶，从树梢慢悠悠地落下，在空中旋转、飞舞，仿佛是在下一场洋洋洒洒的叶子雨。叶落归根，这些凋落的叶子，无声地从地面滑过，躺在泥土的怀抱里。

秋季的第一次下霜，总是在黎明之前。在某一天的清晨，你会发现，路边的青草上第一次盖着白霜。秋天，就从这一天开始，确切地说，是从这一夜开始。

秋风中，凋落的枯叶越来越多，树枝日渐变得光秃秃的。直到最后，四处游荡的秋风，专门负责摘叶，把森林的夏装全部卷走。

雨燕，消失了。家燕以及在这里过夏的其他候鸟，陆陆续续地踏上迁徙的旅程，从北方往南方搬家。鸟儿离乡月开始了。天空、池沼、树林逐渐变得空旷起来。河水越来越凉，人们已经不愿意去河里洗澡了⋯⋯

可是，像是为了纪念火热的夏天似的，秋天的天气突然回暖了。连续几天，都是秋高气爽、温暖干燥的。一根根银色的蛛丝，在空中随风飘荡，那是小蜘蛛的飞行器⋯⋯

田野里，秋播作物正生机勃勃地长着。清新的绿色，在阳光下闪耀。

森林里的居民们，纷纷开始为漫长的冬季储备食粮。冬眠的生命，都躲在安全的藏身之处。它们用暖和的冬衣，把自己包裹得严严实实的。大自然对这些冬眠生命的关照中止了，得等到明年春天才能继续。

只有固执的兔妈妈们，不认为夏天过去了，在秋天又生下一窝兔宝宝。这是"落叶兔"，专指在叶落时节出生的小兔子们。这时的林子里，长出了菌柄很细的食用蕈。夏天，终究还是过去了。

像春天一样，从森林里拍来了不少的电报，时刻报道着那里的新闻。

秋天，就这么开始了。

来自森林的第四封电报

那些长着五彩斑斓羽毛的鸣禽都不见了。我们没能看到它们出发时的情况，因为它们是半夜里上路的。

许多候鸟选择在夜里飞行，因为夜里相对安全些。在白天，老鹰、游隼以及其他猛禽，从森林里飞出来，随时在必经的路上等候着它们。到了夜里，这些猛禽不会去袭击它们。而且，即使在黑暗里，候鸟也能清楚地知道飞往南方的路线。

野鸭、大雁、潜鸭、鹬等水禽，一群群地出现在海上长途飞行路线上。一路上，它们在春天逗留之地歇脚。

森林里，树叶陆续发黄、坠落。兔妈妈生下了6只"落叶兔"，这是今年的最后一窝。

不知道是哪个调皮的家伙，每天夜里在海湾内的淤泥岸上，印上一些小十字和小点子，到处都是。我们在岸上搭了一间小棚子，暗中观察，这到底是谁的恶作剧。

林中趣事记
离别的歌

白桦树上的阔叶子，现在已经稀疏了很多。还留在枝头上的，净是些发黄的叶子。再过不久，它们也都会离开树枝。光秃秃的树干上，被椋鸟遗弃的鸟窝，在秋风中寂寞地晃来晃去。

不知怎么回事，飞回来了一对椋鸟。雌椋鸟钻进鸟窝，咕噜咕噜地忙碌着，仿佛是在收拾行李。落在枝头上的雄椋鸟，四处望了一会儿，然后唱起了歌。歌声很低，声音很小，像是唱给自己听的。啊，它是在唱伤感的别离歌。它们要走了，不是今天，就是明天，它们就要踏上遥远的旅途了。

不一会儿，雌椋鸟从窝里出来了，急匆匆地向鸟群飞去。雄椋鸟唱完了歌，也赶紧扇动翅膀，跟在后面飞走了。

夏天，它们在这鸟窝里孵出了小椋鸟。现在，它们是来跟自己的家告别的。

不过，等到来年春天，它们还会回来住的。

花园的早晨

9月15日，秋老虎。一大清早，我照例来到花园里。

天空高高的，没有一丝云彩，如水晶般纯净。稍微有一点凉意，秋天的清晨就是这样。花园里，乔木、灌木和低矮的青草之间，挂满了银色的蜘蛛网。

两棵小云杉的树枝之间，张着一面银色的蜘蛛网。上面还带着露珠，跟缀着珍珠的面纱似的；仿佛一碰就会碎掉。一只小蜘蛛蜷缩成一个小球，停在网的右上角，一动也不动。苍蝇和蛾蝶还没有飞过来，所以，狩猎者可以暂时小憩片刻。也说不准它是被这清冷的早晨冻死了？

我用小手指小心翼翼地、试探性地戳了一下小蜘蛛。它没有抵抗，如同一颗没有生命的小石子，从蛛网上直直地坠了下去。

它死了？不。这个狡猾的小家伙，刚落到地面的草上，就立马翻过身来，一溜烟地藏到附近的灌木丛里去了。

找到它是不可能了。不知它会不会因我的粗鲁行为而生气？以后它是重新回到这张蛛网上，还是在其他地方重新织一面崭新的蛛网？再织一面网，得从头开始，选点、打结、绕圈，它前前后后要花费多少精力呀！

晶莹的露珠在纤细的草尖上闪烁，宛如长睫毛上的泪珠，美丽而动人。

路边草丛间，今夏最后的几朵野菊花，垂着脑袋，那花瓣做的裙子被露珠打湿了。它们等待着阳光把它烘干。

在这样微冷、纯净的初秋早晨，不论是树梢上残留的五彩斑斓的树叶，还是被露水和蜘蛛网点缀着的青草，或是令人惊奇的蓝色小河，都是那么华丽、恬静，让人心情愉悦。时间仿佛冻结在这一刻。

我找到的最难看的东西，是一棵蒲公英和一只灰蛾，都是冷冰冰的。那蒲公英残缺了一半，湿漉漉的，冠毛全部粘在了一起，在草丛里无精打采地立着。灰蛾更惨不忍睹，脑袋七零八落的，湿作一团，死寂地躺在石头边，大概是被鸟儿啄的。今年夏天，它俩可不是这副模样：那时的蒲公英神气极了，昂首挺胸的，花盘上曾经整齐地站着成千上万个小伞兵；毛蓬蓬的灰蛾，脑袋是光溜溜的，在花瓣间穿梭，从这朵花飞到那朵花。

它们看着怪可怜的。于是，我把灰蛾放在蒲公英上，再用手握住它们，以便让它们晒到温暖的阳光。后来，只残留一丝活气的它们，一点一点地恢复过来。蒲公英头上的小伞兵晒干了，立了起来，轻飘飘的。灰蛾的翅膀也恢复了活力，重新变回毛茸茸的触感。这两个可怜的家伙，现在重新变得美丽起来。

森林附近，一只黑色的琴鸡在灌木丛里嘟囔："叽里咕噜……叽里咕噜……"

我朝那边走去，想悄悄地走到它身边，听听它的喃喃自语，看它是不是也像我一样在秋天会回忆起春天的欢乐游戏。

出乎意料的是，当我刚走进灌木丛，那只黑鸟就"扑噜噜"地几乎从我的脚边飞起来，把我着实吓了一大跳。原来，它就藏在我旁边，我还以为它离我很远呢。

头顶的空中，远远地传来一阵鹤鸣。过了一会儿，一群鹤排着"人"字队形，从森林的上空飞过。秋天到了，它们得离开我们了……

■森林通讯员 维利卡

水上旅行

即将枯萎的小草，在地上无精打采地耷拉着脑袋。

素有飞毛腿之称的秧鸡，早已踏上遥远的征程。

矶凫和潜鸭也在路上，不过，它们既不在天空中，也不在陆地上。善于游泳的它们，选择了在水上游泳旅行。只要是可以游泳的地方，它们就在水面上游着旅行，游过池塘和沼泽，游过湖泊和水湾，一直游向南方。

野鸭也是游泳健将。它先微微抬起身子，再猛地往水里钻，这样就能潜到水下面去捉鱼。矶凫和潜鸭可不这样，它们的身体很灵巧，只要把头往下一低，再用脚蹼使劲一划，就能轻易地钻到水下，而且潜得很深。它们的游泳速度很快，甚至能追上鱼，没有一种猛禽能在水下追到它们。

它们的飞行本领很差劲，压根逃脱不了猛禽在空中展开的追捕攻势，所以它们很少用翅膀飞行。既然水里这么安全，何必犯险去空中呢？

林中的决斗

傍晚，夕阳染红了西边的云彩，森林也被染成了温暖的黄色，一片宁和。

忽然，一声暗哑的短吼传来。一头长着大犄角的大公驼鹿，从密林的阴影里走出来。又一声暗哑的短吼。那声音仿佛是从内脏里发出的，低沉而雄浑。它正在向对手挑战。

林中空地上，还有其他几头公驼鹿。决斗的勇士相遇了。它们一边威风凛凛地晃动着脑袋上的犄角，一边用蹄子一下一下地刨着地。可以嗅到空气中弥漫着的紧张气氛。

突然，它们低下头，冲着对方猛扑过去，伴随着一阵嘎嘎声，犄角相互碰撞在一起。个个弓起庞大的身躯，用全部体重猛撞对方，拼尽全力想扭断对方的脖子。它们一会儿分开各退几步，一会儿又角对角地撞到一起；一会儿把前身尽力压低几乎要弯到地上去了，一会儿又用后腿着地，半立起身子，用犄角激烈地碰撞着。

它们笨重的犄角又宽又大，像犁一样，所以公驼鹿也被叫作犁角兽。犄角一相撞，就会发出"咚咚"的声音。

在决斗中战败的公驼鹿，有的垂头丧气地逃走了，有的受到致命撞击，脖子被撞断了，倒在地上，鲜血直流。战胜的公驼鹿居高临下，残忍地用锋利的蹄子把手下败将活活踢死。接着，它发出强烈的吼声，震动了整个森林。那是胜利者的号角。

密林深处，一只头上没有犄角的母驼鹿，正在等待着胜利者。

战胜的公驼鹿还将成为这一带土地的主人，任何一只驼鹿擅自闯入都不被允许，即使是小驼鹿也不行。一看见入侵者，它就会用嘶哑的吼声，把它们撵出去。

最后的浆果

夏季的最后一批成熟的浆果，是沼泽地边上的蔓越橘。

在酸性泥炭土壤的草墩上，通红的浆果直接躺在青苔上。隔得老远，就能看到鲜亮的红色，但不知道它们为什么躺在地上。凑到跟前细瞧，才明白，青苔上面蔓延着一些细长的茎，跟绒线一样。茎的两旁，生着一些皮革般坚硬的长卵形叶片。原来，这就是蔓越橘的整棵小灌木似的植株。

■尼·巴甫洛娃

起飞的旅客

每天夜里，都会有不同的旅客出发，前往南方。跟春天不一样，一路上，它们不紧不慢地飞着，歇脚的时间很长。看来，它们不舍得离开故乡。

这些旅客飞走时的顺序，刚好与飞来时相反：长着鲜艳羽毛的鸟儿先出发；燕雀、百灵、鸥鸟这批春天最先到达的旅客，在迁徙大军中最晚动身。有不少鸟儿，有的让年轻的鸟先飞走，有的让雌鸟先离开，比如燕雀。那些身强体壮、吃得起苦的，停留的时间很长，留到秋天的末尾才离开。

大多数鸟儿直接飞往南方，有的飞往法国、意大利和西班牙，有的飞往地中海和非洲。也有鸟儿飞往东边，穿过乌拉尔和西伯利亚，前往印度。更远的，以太平洋彼岸的美国作为目的地。千山万水，几千千米的路途，在它们脚下掠过。

等待帮手

乔木、灌木和青草，都忙着安顿后代。不过，它们得等候帮手及时出现。

槭树的树枝上，挂着一串串已裂开的翅果。这是些长着小翅膀的种子。起风时，它们可以驾驶着小滑翔机，乘风前进，去向远方。

　　草地上，也有人在等待风的到来。飞廉的长茎上，从干燥的头状花序里，冒出一丛丛灰色的、毛蓬蓬的茸毛；香蒲光滑的茎梢上，长着一个个褐色的长椭圆形坚果，像一根根蜡烛插在水边；性急的山柳菊，早就准备好了毛茸茸的小球，盼着在晴朗的日子里被风吹起。

　　在路旁、沟渠边以及收割完的地里，不少草本植物的果实上长着细毛，或长，或短，或普通，或羽毛状。它们也在等待帮手的到来。不过，它们要等的不是风，而是经过的动物或人。它们利用细毛，粘在动物的毛发上，或是人的衣服上，这样就能搭乘免费的运输工具，传播到远方。

　　在这些植物里，牛蒡那带刺的花盘里，满是有棱角的种子，这棱角能让它牢牢地挂在动物身上；金盏花的黑色三角形果实，最爱粘的是行人的袜子；猪秧秧呢，圆圆的果实上带有小小的钩刺，顶喜欢在你不注意的时候钩在衣衫上。很难用手把它们弄干净，只能用一小块毛绒布细细地揩，才能把它们全部揩掉。

　　■尼·巴甫洛娃

秋天的蘑菇

　　秋天的森林，空旷而凄凉。林中居民，离开的离开，冬眠的冬眠，难得见到跑过的动物身影。树枝上光秃秃的，沼泽里湿漉漉的，到处都散发着叶片腐烂的气味。

唯一能让人感到欣慰的，是一种洋口蘑。有的一堆堆密集地集中在树墩上，有的长在树干上，有的零散地长在地上。

洋口蘑的长相可人极了。当它的菌盖绷得紧紧时，非常像小孩子头上戴着的无边帽，下面围着一条白色的小围巾。过几天，它长大了，菌盖的边缘会翘起来，更像一顶真正的帽子。小围巾摇身一变，变成了一条领子。

菌盖上布满烟丝一样的小鳞片。很难形容它的颜色，反正就是一种让人看了以后觉得很舒服的浅浅的褐色。小洋口蘑菌盖背面的菌褶是白色的，而老洋口蘑的是浅黄色的。

洋口蘑不仅模样招人喜爱，而且采摘时能带给人一种痛快淋漓的感觉。因为用不了几分钟，就能采到满满一篮子的蘑菇。还有什么比这更痛快的事吗？

当老洋口蘑的菌盖覆到小洋口蘑的菌盖上去时，后者会出现一层薄薄的细粉。那其实是从老洋口蘑上洒下来的孢子。

洋口蘑的味道很不错。要是你也想品尝，就得事先熟知它们的一切特点。很多不知内情的人，经常把毒蕈当作洋口蘑而误食，这是非常危险的。确实，有些毒蕈与洋口蘑很相似，也长在树墩上。不过，这些毒蕈的菌盖上面没有小鳞片，下面的菌柄上也没有领子。毒蕈还有以下特征：菌盖是黄色或粉红色的，菌褶是黄色或淡绿色的，孢子是黑色的。要是遇到符合这些特征的蘑菇，千万不要采摘。

■尼·巴甫洛娃

来自森林的第五封电报

淤泥岸上的那些小十字和小点子，原来是滨鹬干的好事。

它们从这片海湾路过，就停下来，在淤泥滩上歇歇脚，补充给养。它们迈着细长腿，在柔软的淤泥上走来走去，就印下了许多三个脚趾分得很开的脚印。它们的食物，是藏在淤泥里的虫子，需要用尖尖的长嘴插到淤泥里，才能把虫子拖出来。所以，在长嘴插过的地方，就留下了一个个小点子。

有一只鹳，在我家屋顶上住了整整一个夏天。后来，我们在它脚上套了一个铝制的脚环，上面刻着"Moskwa, Ornitolog.Komitet, A.NO.195"（莫斯科，鸟类学研究委员会，A组第195号）。要是有人在它过冬的地方捉到这只鹳，然后联系我们，我们就能知道，这个地区的鹳是在什么地方过的冬。

眼下这个时节，森林里的树叶已经全部换了颜色，并开始从枝头慢慢地脱落了。

■本报特约通讯员

城市之声
广场上的突袭

在列宁格勒的伊萨基耶夫斯基广场上，光天化日、众目睽睽之下，居然发生了一出野蛮的袭击事件。

一群白色的鸽子在广场上散步。突然，从伊萨基耶夫斯基大教堂的圆屋顶上冲下一只大隼，朝着离自己最近的那只鸽子扑去。鸽子们被这飞来横祸吓得四处逃窜，一大堆茸毛在广场上飞起。

灵敏的鸽子慌慌张张地逃到附近一幢大房子的屋顶下避难去了，而笨拙的鸽子无奈地成了大隼的猎物。狩猎成功的大隼，用尖利的爪子抓着被啄死的鸽子，飞回大教堂的圆屋顶上。

这里是大隼的必经之路。它们喜欢在视野开阔的教堂圆屋顶和钟楼上面建造强盗窝，专门偷袭路过的粗心大意的猎物。

黑夜里的骚动

在城郊，差不多每天晚上，家禽都会骚动一阵。

主人们睡梦中听见自家院子里的骚动，感觉莫名其妙，一面抱怨睡个觉都不得安宁，一面趿拉着鞋子，推开窗子，探出头去看看发生了什么事。院子里，家鹅和家鸭们一个个扑打着翅膀，伸长脖子，大声地叫着，"嘎嘎嘎""呷呷呷"，一片喧闹。难道是黄鼠狼钻到院子里来了吗？或者狐狸来偷吃了吗？

可是，石头围墙和铁门圈成的院子里，丝毫不见黄鼠狼和狐狸的影子。睡眼惺忪的主人，耐着性子在院子里巡视了一遍，没有丝毫发现。细心的主人又将家禽棚里的家禽重新数了一遍，一切正常，什么异常都没有。可能是这些家禽集体做了噩梦吧。它们这会子不是都安静下来了吗？

于是，主人放心地回去继续睡觉了。可一个小时以后，那些家禽又"嘎嘎嘎""呷呷呷"地骚动起来，再次把主人从香甜的梦乡里拖了出来。气急败坏的主人又重新巡视了一遍，还是一切正常。这到底是怎么回事？

你打开窗户，在一旁听听吧。肯定会有收获的。

漆黑的夜空里，点缀着几颗闪烁着光的星星。秋夜宁静的天空就该是这样的。

可是，过了一会儿，好像有什么黑色的影子从空中划过去了。你瞧，这颗星星的光被挡住了。紧接着，又被挡住了几次。竖起耳朵仔细听，可以听到空气中细微的、断断续续的呼啸声。

刚安静下来闭着眼睛打盹儿的家禽，这会儿又骚动起来。不知道是受了什么刺激，家鹅和家鸭踮起脚掌，伸长脖子，"嘎嘎""呷呷"地叫着，还不停地拍打着翅膀。它们似乎想飞起来。

哦，明白了：原来，天空中划过的黑影，是夜晚动身的羽族飞行家。它们正从院子上空飞过。野鸭扑扑地拍动着翅膀，大雁和雪雁，前呼后应地向前飞行。它们的叫声，召唤着地上的这些朋友一起同行。

可是，地上这些可怜的朋友，自从被人们驯化，早就失去了自由，也丧失了飞翔的本领。它们只能冲着天空中自由的身影羡慕而无奈地叫几声。那叫声，既悲凉又苦闷。

候鸟的叫声渐行渐远，最终消失在天边。可院子里的家鹅和家鸭，还在喧闹。

来自森林的第六封电报

森林里，寒冷的早霜到来了。

枯黄的树叶，如同雨点一般，纷纷扬扬地飘落，悄无声息地坠在地上，有些灌木丛的叶子，仿佛被刀削过了一样。

蝴蝶、苍蝇、甲虫，都陆续地躲藏起来，远离即将到来的冬季。

候鸟中的鸣禽，急急忙忙地飞过森林和湖泊。它们得找寻下一个落脚点，补充体力。

乐观的鸫鸟，三两成群，往向阳坡上一串串黄澄澄的山梨扑过去。它们的食物还很充足。

秋风变得一天比一天冷，它呼啸着从光秃秃的树枝间穿过。

树木都进入了长眠。

林子里，再也听不到鸟儿的歌声了。无声的时期开始了。

■本报特约通讯员

角落里的山鼠

正当我们认真挑选马铃薯的时候，从牲畜栏里，突然发出一阵窸窸窣窣的声音，仿佛有什么东西在角落里钻动。大家的心都悬了起来。不会是贪婪的蛇吧？

农庄里的狗跑了进来，在声音传出来的地方蹲下，用敏锐的鼻子东闻闻，西嗅嗅。窸窣声停了一会儿，又开始响起来。

狗开始用前爪在角落里刨坑。一边刨，一边冲着里面汪汪地叫着。窸窣声越来越清晰。好像那只不知名的小兽正朝着狗的方向钻来。

过了一会儿，狗挖了一个小坑，从坑里能看到一点小兽的头。坑越挖越大，终于，小兽被狗从坑里拖了出来。小兽张开嘴巴，咬中了狗的鼻子。被咬得发痛的狗，赶紧把肇事者甩了出去，然后大声吠了一阵，似乎是在谴责肇事者的不良行径。

这只小兽，差不多有小猫那么大。浑身长着灰蓝色的茸毛，还带着些许的黄色、黑色和白色的短毛。在我们这儿，把这个小家伙称为山鼠。

把蘑菇都忘了

9 月里，我和几个小伙伴一起去树林里采摘蘑菇。

很快，伙伴们每人都采了满满一篮子蘑菇。而我更喜欢在林子里到处转悠。因为到处都有鸟儿飞来飞去，到处都有鸟儿的歌声。我得在冬天来临之前，好好珍惜能见到它们的时光。

在几棵松树下，我吓跑了停在树枝上的四只榛鸡。它们长着灰色的羽毛，脖子短短的，胸脯上带着暗褐色的横斑。

后来，在地上，我看到一条干瘪的死蛇，挂在树墩上，已经被太阳晒干了。树墩上有一个洞，从里面传出嘶嘶的声音，让人毛骨悚然。那一定是个蛇洞，心里这么想着。我赶紧避而远之，逃得远远的。

经过沼泽地时，7 只鹤从沼泽地里优雅地飞起来。我从来没有亲眼见过鹤，之前只是在书本上偶尔见到过。

回家的路上，我们从那棵可能有蛇窝的树墩旁，提心吊胆地绕了过去。后来，一只灰色的兔子从路上穿过，钻进右边的灌木丛里去了。虽然只有一瞬间，我清楚地看到，它的脖子和后脚都是白色的。

我们还看见许多雁，排着整齐的队伍，从村庄上咯咯地飞过。它们正在迁徙的路上。

■森林通讯员 别兹美内依

我的小喜鹊

还记得在春天，几个调皮的男孩子捣毁了一个喜鹊巢。我从他们手里买来一只小喜鹊，作为小宠物养着。只经过一天一夜，它就乖乖地被驯服了。第二天，它就敢小心翼翼地停在我的手里，吃东西、喝水。"魔法师"，这是我给它起的名字。日子久了，它也习惯了这个名字。只要一唤"魔法师"，它就会飞到你身边。

小喜鹊的翅膀长齐之后，总喜欢站在门框上。门的对面是厨房，在里面一张桌子的抽屉里，总是摆放着食物。有时，当我们刚拉开抽屉，它就会以很快的速度从门框上飞下来，一头钻到抽屉里，拼命地啄着里面的东西，像是有人要跟它抢夺一般。把它从抽屉里面拎出来时，它叫嚷着死活不肯出来。即使好不容易出来了，它还一脸的不乐意，仿佛因我们打搅了它的用餐而恼怒。

不过，大多数时候，它是很乖巧的。我去打水时，会叫上它一道。"魔法师，跟我来！"不一会儿，它就飞落到我的肩膀上，跟着我一起去河边。

我们吃早点时，它总是最忙的那个，一会儿抓面包，一会儿抓糖块，一会儿又把爪子伸到牛奶里去。有了它，我们的餐桌上总少不了欢声笑语。

最有趣的，是它跟我一起在胡萝卜地里拔草的时候。起初，它会站在一旁，看我怎么做。然后，它也像模像样地伸出爪子，把杂草的绿茎一根根地拔起来，放到边上的草堆上。但是，这个小家伙还不知道怎么分辨胡萝卜和杂草。它把两个都拔了出来。

■森林通讯员 薇拉·米赫耶娃

动物躲藏起来了

美丽的夏天过去了。天气越来越冷……

身体里的血液，仿佛被天气凝结住了，几乎察觉不到它的流动。整个人变得懒洋洋的，动作也缓慢起来。老是睡不醒，老是想打盹儿。

夏天整日躲在池塘里避暑的蝾螈，这会儿从水里慢慢地爬上岸来，再慢慢地爬到树林里去，寻找合适的越冬地点。找到一个腐烂的树墩之后，它往树皮下一钻，缩成一团，借以躲避寒冷的侵袭。

青蛙却刚好相反。它们从岸上跳进池塘，然后钻进池底深深的淤泥里。成群结队的鱼儿，或是挤在暖和的深水区，或是藏在水底的深坑里。

蛇和蜥蜴躲在树根下，把身子埋在青苔编织的暖和被子下面。癞蛤蟆与蜗牛，也都躲起来了。

　　蝴蝶、苍蝇、蚊子和甲虫，都纷纷把自己藏在树皮和墙壁的裂缝里。蚂蚁关闭了城堡的大门，封锁了所有的出入口。然后爬到城堡的最深处，挤作一团，纹丝不动，开始了它们的冬眠。

　　热血动物倒不怎么怕冷，只要有食物吃就行。可是，伴随着寒冷，挨饿的时节也降临了。

　　因为苍蝇、蝴蝶和蚊虫都躲起来了，丧失食物来源的蝙蝠，也只好跟着躲起来。头朝下的它们，倒挂在树洞里、山洞中、岩缝间和阁楼屋顶下。它们用翅膀紧紧地包裹着身体，仿佛披上了一件斗篷。毫无征兆地，它们就这么睡着了。

　　刺猬在树根下用草做了一个窝，然后躲在里面。獾也藏在洞里睡觉，不那么频繁地出门了。

候鸟飞到越冬地去了

　　如果乘热气球，飞到离地30千米的高空中，从天上俯瞰广阔的祖国国土，我们会发现，大地整个是在移动着的。有什么东西在森林、草原、沙漠、海洋上面移动。

　　原来是鸟儿。无数的鸟群，正在大规模地迁徙。它们离开故乡，朝着越冬的地方飞去了。

　　当然，也有留鸟。它们留在我们这儿过冬，比如麻雀、鸽子、寒鸦、灰雀、山雀、啄木鸟，以及其他许多种鸟类。除了鹌鹑，其他所有的野雉都不飞走，它们留在这里。猫头鹰和老鹰也是留鸟，不过，它们在冬天显得无所事事。大多数鸟儿冬天都离开这里，所以，猛禽的食物来源也变少了。树林里也变得很冷清。

候鸟们，从夏末开始，到河水冻结为止，陆陆续续地动身。最先离开的，是春天最后到达的那一批，就是身穿华丽的、五彩斑斓服装的那些鸟儿。最晚飞走的，是春天最先来到的那一批，譬如秃鼻乌鸦、野鸭、云雀、鸥鸟、椋鸟……

鸟儿飞往的方向

你们以为，秋天鸟儿的迁徙，都是从北往南飞的吗？才不是呢。

不同的鸟儿，在不同的时候动身，飞往不同的地方。大多数的旅客都是在夜里飞行，因为相比较白天而言，夜晚相对安全些。而且，并不是所有的鸟儿都是从北方飞往南方去越冬的。从北方飞往南方，这是大多数候鸟的飞行方向。但是也存在着另类。有些鸟儿，是从东方飞到西方去；有些鸟儿，是从西方飞到东方去；还有些鸟儿，会一直飞到北方去越冬。它们的存在，使秋天的迁徙大军的飞行路线变得丰富而多彩。

我们的特约通讯员，会将鸟儿的最新动态及时与我们分享，或是通过电报，或是利用无线电广播。敬请期待！

飞往东方的旅客

"喊，依！喊，依！"这是红色朱雀的叫声。在鸟群之中，它们用这样的声音相互沟通。

从 8 月开始，它们就先后从波罗的海沿岸、列宁格勒州和诺甫戈罗德州动身，开始它们的长途跋涉。一路上，它们穿过伏尔加河，越过乌拉尔山区的崇山峻岭，现在经过巴拉巴——西伯利亚西部草原上的众多桦树林。它们一直朝着东边飞行，朝着太阳升起的方向从容地飞行。沿途上，有充足的食物让它们补充体力。而且，这次旅行的目的是去越冬，又不是赶着去筑巢和养育后代。所以，与春天相比，这次它们放慢了飞行的速度。

与野鸭一样，朱雀也是尽量选择在夜间飞行。白天，它们在树林里休息、补充给养。虽然它们是集体行动的，彼此有照应，而且每一只鸟都保持着高度的警觉性，生怕敌人的突然袭击。但防不胜防，不幸还是时常发生。雀鹰、燕隼、灰背隼，众多的猛禽，有的在它们周围明藏暗伏着，有的在必经的路上等候着它们。这些敌人的飞行速度极快，在朱雀慌慌张张地从这片树林飞到另一片树林避难的过程中，不知道有多少死于那些猛禽的利爪之下！夜里相对好些，毕竟猫头鹰的数量并没有白日里的猛禽那么多。

沙雀也是从西方飞往东方，它们这会儿正在西伯利亚拐弯。

接下来，它们要越过阿尔泰山脉和蒙古沙漠，一直往南飞，前往印度半岛越冬。不知在这艰难的长途旅行中，有多少鸟儿能最终坚持到达目的地，又有多少鸟儿在途中不幸丧命！

脚环 Φ197 357 号的故事

1955 年 7 月 5 日，一位年轻的俄罗斯科学家，在北极圈外白海沿岸的干达拉克禁猎区，捉到一只北极燕鸥的雏鸟。他在它的脚上套上了一个铝制脚环，上面刻着"Φ197 357"。

7 月末，当小雏鸟刚学会飞行，成群结队的北极燕鸥开始了它们的冬季旅行，小雏鸟也加入其中。起先，它们往北飞到白海海域。接着，它们沿着科拉半岛北岸往西飞。然后，沿着挪威、英国、葡萄牙和非洲西部海岸，从北向南飞，一直飞到非洲最南端的好望角。绕过好望角，穿过德雷克海峡，它们继续朝着东方的印度洋飞去。

1956 年 5 月 16 日，在大洋洲西岸的福利曼特勒城附近，那儿的一位澳大利亚科学家，捉到了这只戴着 Φ197 357 脚环的北极燕鸥。

从干达拉克禁猎区到福利曼特勒城，直线距离是 24000 千米。也就是说，在差不多一年的时间里，这只小北极燕鸥飞行了至少 24000 千米的旅程，才来到地球南端的大洋洲。

现在，它的标本，连同那个脚环一起，在澳大利亚彼尔特城动物园的陈列馆里保存着。透过陈列柜的玻璃，它以这样的方式告诉人们，它曾经经过了一段多么漫长的旅行。

这就是脚环 Φ197 357 号的故事。

飞往西边的旅客

夏天的澳涅加湖上，每年都会孵出一大群野鸭和鸥鸟。若是聚集在一块儿，前者黑压压的，像一片乌云；后者白花花的，像一片白云。到了秋天，这些乌云和白云就从东往西飘，飘向日落的方向。

现在，针尾鸭和鸥鸟的迁徙队伍动身出发了。我们乘着飞机，跟随它们一起向西飞行吧。

原本安宁祥和的旅途上，忽然响起一阵刺耳的呼啸声。紧接着，是"哗啦啦"的落水声、翅膀的扑棱声。野鸭凄厉的"嘎嘎"叫声和鸥鸟的尖叫相互夹杂在一起，惊天动地。发生什么事了？

这些鸟儿，本来打算在林间的湖面上休息，哪知竟然遭遇了一只游隼的突袭。夹杂着空气中的尖啸，游隼像牧人的长鞭一样，在野鸭群后一闪而过。它凭借着最后一个脚趾上如同尖刀般的利爪，冲破了野鸭的队伍。一只野鸭不幸被尖刀刺伤，垂着脖子，从半空中直直地往下坠。反应敏捷的游隼，一个华丽的转身，抢在猎物掉入水中之前，稳稳地一把抓住。再用坚硬的嘴巴，往垂死野鸭的后脑勺上用力一啄，到手的午餐就不会飞走了。

这只游隼从澳涅加湖起飞，一路跟在野鸭的身后，先后经过列宁格勒州、芬兰湾、拉脱维亚以及其他地方。它不饿的时候，就默不作声地蹲在岩石上或是树枝上，一副漠不关心的样子，任由鸥鸟在水面上拍打翅膀，野鸭潜入水里捕鱼，任由它们从水面上腾空而起，继续向西飞行。但是，只要它的肚子一饿得咕噜叫，它就会立刻追上那片乌云，去猎杀食物，每次都让野鸭群防不胜防。

就这样，游隼跟着野鸭群，越过波罗的海和北海，经过大不列颠岛。准备在这个岛上过冬的野鸭和鸥鸟，好不容易摆脱了狩猎者的追击。游隼呢，如果它心情不错的话，会跟着别的野鸭群继续向南飞，或者飞往法国和意大利，或者越过地中海直往非洲飞去。

飞往北方的旅客

白海边有一个干达拉克禁猎区，多年来专门从事保护绵鸭的工作。今年夏天，多毛绵鸭在这里孵化出了它们的小雏鸟。禁猎区的工作人员和科学家，给这些鸟儿戴上了脚环，以便弄明白这些绵鸭到哪里去越冬，来年有多少绵鸭会重新回到这里的老窝，还有其他关于它们的生活细节。

现在弄清楚了，这些绵鸭从禁猎区一直飞向北方，飞到北冰洋去越冬。那里有格陵兰海豹、北极熊，还有身躯庞大的白鲸，以及其他北方的动物。

再过不久，白海上就会覆盖着厚厚的冰层，变成冰天雪地的白色世界。要是绵鸭冬天留在这里，它们就会没有食物来源，陷入挨饿的境地。而在北方，海里数不尽的鱼儿，为海豹与白鲸提供了足够的能量来源。于是，绵鸭需要向北飞行，去那儿寻找食物。

不过，绵鸭不吃鱼，它们专吃停留在岩石和水藻上的软体动物。只要有充足的食物，这些北方的鸟儿就能抵御寒冷、黑暗的环境。绵鸭不怕冷，它们身上的茸毛柔软而暖和，透不进一点寒风。它们的茸毛，更是制作我们冬天穿的大衣的最佳材料。北极圈内，在漫长的黑夜之中，天上有美丽的极光，巨大的月亮和明亮的星星，一点儿也不寂寞孤独。就算太阳一连几个月都不从海平面下钻出来，也丝毫影响不了绵鸭在那儿自由自在地度过整个极夜。

候鸟的迁徙之谜

鸟儿为什么要迁徙？为什么有的鸟儿飞往南方过冬，有的鸟儿却飞往东方、西方或者北方过冬？

为什么鸟儿的迁徙时间会不同？为什么有的鸟儿要等到河面结冰、天上落雪、食物缺乏的时候才离开，而有的鸟儿（比如雨燕）每年在固定的日期离开，尽管那时食物还很充足？

更重要的问题是，这些鸟儿怎么知道，秋天自己该往哪个方向飞行，该到哪儿过冬，春天又该朝着哪个越夏地动身？

这些问题，至今难以解答。譬如，我们这儿，莫斯科或者列宁格勒州的其他地方，夏天从蛋里孵化出一只雏鸟，等它学会飞行，它却飞到非洲南部或者印度或者美国去越冬。我们这里还有一种小游隼，它每年定时从西伯利亚出发，飞到位于的另一半球的澳大利亚去待一段时期，然后又飞回西伯利亚来享受春天。藏在候鸟迁徙里面的奥秘，以人类目前的智慧，还暂时无法猜透。不过，相信总有一天，候鸟的迁徙之谜，终究会被人类解开。

林中大战（六）

第五块土地上，战争已经结束。

那地方，就是第一次林中大战开始前所遇到的那片古老的云杉林。

在与白桦、白杨的白刃战中，大批云杉倒在地上。可是，战争的结果，依旧是云杉获得胜利。这是什么缘故？

原来，白桦与白杨的寿命比云杉短，当它们年老体衰的时候，年轻的云杉依然保持着旺盛的生命力，迅速往上生长。终于，云杉超过了白杨和白桦，成为最高的树木，广阔的空间让它们自由地舒展着双臂。它们巍然耸立，像一把把巨伞笔直地撑着，长满针叶的树枝彼此交叉在一起，形成又浓又密的树阴，不让阳光透过一丝一毫。这样，喜光的白杨和白桦就不得不先后枯萎。

云杉不停地生长，越长越高，越长越健壮，树阴也随之越来越浓，越来越密。在它们下面，形成了一个个又深又黑的地窖。在地窖里，没有阳光，没有光亮，有的只是无尽的阴暗。苔藓、地衣、木蠹蛾、小蠹虫，这些凶恶的小东西，正虎视眈眈地等待着倒地的战败者，将它们吞噬、消解。战败者的下场，只有永恒的黑暗。

一年又一年。光阴似箭，岁月如梭，距原先的老云杉林被伐木工人砍光，已是 100 年。那场为了抢夺空地的林木种族间的战争也持续了 100 年。

现在，在相同的地方，又重新耸立着一片阴森森的云杉林。当年的小云杉，现在已经长成了老云杉。但是，林子里依旧是黑黢黢的，既没有鸟语，也没有花香，更没有野兽的踪迹，死寂得如同墓地一般。潮湿、腐朽的气味到处弥漫。地表上各种偶然出现的绿色植物，都避免不了凋萎的命运。云杉依旧称王称霸。

寒冷的冬天就要来了。每年冬天，林木种族都会停战。它们会像冬眠的动物一样，进入睡眠的状态。它们睡得比狗熊还要沉，简直就是睡死了过去。树液在它们的躯干里停止了流动，生长停止下来，只保持着基本的呼吸。

闭上眼睛仔细听，树林里静悄悄的，什么声音也没有。

张大眼睛仔细看，这个战场上，遍布战士的尸体。

得到最新消息：今年冬天，这片云杉林将被砍掉。这意味着，时隔百年，伐木工人冬天将会再次来到这里。明年春天，这儿又会成为一片新的采伐遗迹。林木种族之间的战争，明年春天将继续开战。

不过，这一次，我们将干预这场持久的林间大战，不再允许云杉成为胜利者。我们将会在这片采伐遗迹上，栽种上各种各样的新树种。我们还会细心地照顾小树苗的生长。在必要的时候，剪除妨碍者，或是在浓密树阴上开几个天窗，让明亮的阳光能照射到地面上来。

到那时，这片土地上，一年到头都将会是明亮的，树木繁茂，鸟语花香，可爱的动物们将在这里快乐地生活。

农庄生活

田野的新变化

田野上空荡荡的，秋天的庄稼已经收割完了。现在，农庄的庄员们和城市的居民们，都已经吃上了用新麦做成的香甜的面包和馅饼。

菜园也变得空荡荡的，最后一批卷心菜，刚被庄员们从田垄上运走。

在峡谷的斜坡上和森林的边缘，亚麻被一行一行整齐地平铺在地上。经受之前的日晒、雨淋、风吹、霜打，是时候该把它们收集起来，搬到打谷场上了。在那儿，将亚麻揉软、剥皮，就能轻松地把茎里的纤维抽取出来。

即使是晚熟的马铃薯，也快要被挖完了。庄员们或是把它们运到车站去，或是贮藏在干燥的沙坑里。

在田间地头，已经很长一段时间看不到孩子们奔跑的身影了。他们开学已经一个月了。

秋播的庄稼，在秋日的阳光下，闪烁着绿油油的光泽。这是庄员们在秋收之后，为祖国准备的来年的收成。至于到处搬家的灰山鹑，现在不再一家一家零散地分布在秋麦田里，它们成群结队地聚集在一起。

采集树木的种子

在秋天，各种各样树木的种子和果实都成熟了，正是采集种子的好时机。采集来的这些种子，得种在苗圃里，受到人们细心的照顾。等它们长成小树苗，或者更大的时候，就能用来绿化河流和池塘，也可以用来巩固峡谷的边缘和斜坡。

可以在 9 月开始采集种子的乔木和灌木有：苹果树、红接骨木树、皂荚树、野梨树、西伯利亚苹果树、榛树、马栗树、沙棘树、欧洲板栗树、丁香树、乌荆子树、狭叶胡秃子树和野蔷薇，以及克里木和山茱萸。

采集这些种子的时间，最好是在它们刚刚成熟的时候，或者是在它们完全成熟之前。动作一定要干净利索，快速采完，不能拖拖拉拉。特别是尖叶槭树、西伯利亚落叶松和橡树的种子，尤其不能耽搁。一耽搁，这些种子就会掉到地上，钻进枯叶堆和泥土里去。

我们的智慧

前人栽树，后人乘凉。为了给我们自己和后代创造一个舒适而健康、美丽而持久的生存环境，现在，全国各地的人民，都积极投身于植树造林这项艰巨而伟大的事业之中。

在春天，在 4 月，有个盛大的节日，这就是植树节。在这天前后，大伙儿都忙着到处种树。那时，我们在池塘边上种了不少柳树和苹果树的小树苗，为了避免池塘被灼热的阳光晒干。在河岸上，我们也种了很多小树，为了巩固陡峭的河岸和保持珍贵的水土。学校的运动场边，也栽上了树苗。让人欣慰的是，这些树苗在春天都成活了，经过一个夏天，它们的长势现在更加喜人。

前一阵子，我们又产生了新的想法。

寒冷的冬天马上就要来了。只要一下雪，我们这儿的所有道路，就会被雪无情地掩埋起来。为了解决这个问题，庄员们每年都会从森林里砍来许多小云杉树枝，把它们遮在村道上，不让积雪完全掩埋道路。同时，为了让人们不在白茫茫的冰雪世界里迷失方向，有的地方，还得用小云杉做成路标。

这样做固然好，但是每年砍掉这么多小云杉不是很浪费吗？被砍掉的小云杉，得花多久才能重新长高？在路边栽上小云杉树，等它们长大后，不就既能保护村道不被积雪掩埋，又能充当路标指示方向，这样不就一劳永逸了吗？

心动不如行动。我们召集伙伴们，一起行动起来：从森林边缘挖来小云杉的树苗；在村道两边挖坑，用心地栽上小树；每天细心地浇水，定时除草。众人拾柴火焰高，现在，村道两旁整整齐齐地站着一列小云杉士兵。它们都在新家安定下来，自由地生长着。

■森林通讯员　万尼亚·札米亚青

鲤鱼的家

今年春天，鲤鱼妈妈在一个小池塘里产了卵，并孵化出70万条小鱼苗。池塘里没有其他的鱼，只住着鲤鱼这一家子。起初没觉得什么，可是，随着时间推移，大约过了一个半星期，这些挤在狭小池塘里的兄弟姐妹们就觉得拥挤不堪。于是，它们请求主人给它们换一个大点儿的池塘。

主人听闻这消息之后，在夏天，就把它们搬到了大池塘里去住，那儿稍微宽敞些。鱼苗在新家里继续长大。哦，不能再叫它们鱼苗了，它们一个个都长成了活蹦乱跳的小鲤鱼。不过，时间一长，大池塘还是显得拥挤。

眼下，它们正陆续搬到更大的池塘里去，在那儿度过整个冬天。一年之内，换了两次新家，这些小鲤鱼所享受的待遇还是挺不错的。等过了冬天，来年它们就是一岁的鲤鱼了。那时，它们会长得更健壮的。

快乐星期日

在上个星期日，一群小学生来到农庄里，帮忙收获冬类作物。有的挖甜菜，有的掘胡萝卜，有的拔香芹菜，还有的收获冬油菜和芜菁。大家忙得不亦乐乎。

他们发现，芜菁的根，比瓦吉克的脑袋还要大。瓦吉克是这些孩子当中最大的那个。他一听居然有作物的根比自己的脑袋还大，一脸的不相信，赶紧拿起芜菁，再比画比画。后来，他认输了。

可是，最让他们感到惊奇的，是胡萝卜。葛娜从地里拔起一根胡萝卜，然后立在脚边。她想知道胡萝卜的长度，结果这根胡萝卜竟然与她的膝盖差不多高。它的上半截，有手掌那么宽。拿着它，就像拿着一根又粗又长的黄瓜一样。

"在以前，士兵一定是用这些来打仗的，"葛娜笑着说，"用芜菁代替手榴弹来袭击敌人，然后在肉搏战中把这胡萝卜往敌人的脑袋上猛地一砸，'嘭'，敌人肯定会被砸晕倒地的。"

瓦吉克却一本正经地说："以前的人，根本不可能培育出这么大的胡萝卜。说不定，那会儿连胡萝卜都没有呢。"

其他的孩子们，都被他俩的话逗乐了。欢声笑语，回荡在菜园子里。

当天，在另一个农庄里，养蜂人正在与黄蜂斗智斗勇。

因为天气太冷，蜜蜂们都被留在蜂房里。野蛮强盗黄蜂抓住时机，三两成群地飞到养蜂场上，打算偷蜂蜜吃。可是，一阵诱人的蜂蜜香味，牢牢地牵着它们的鼻子，将它们从蜂房前拉到养蜂场当中。在几张桌子上面，摆着一些装有蜂蜜水的瓶子。美食就在眼前，且不必冒着被蜜蜂围攻的危险就能得到，何乐而不为呢？强盗们果断选择钻进瓶子里去吃蜂蜜。

可是，只要它们一钻进瓶子，就中了养蜂人精心布置的圈套。那些黄蜂的下场，只有活活淹死在蜂蜜水里。

■尼·巴甫洛娃

八方来电

注意！注意！

这里是列宁格勒《森林报》编辑部。

今天是 9 月 22 日，秋分。与春分一样，今天白昼与黑夜的长度是一样的。

我们继续履行约定，举行一次无线电广播通报，向听众朋友们通报现在各地的秋天。

东方、南方、西方、北方，请注意！

苔原、森林、草原、山岳、海洋、沙漠，请注意！

请你们聊一聊，你们那里秋天的情景。

这里是雅马尔半岛苔原

在我们这儿，夏季的狂欢早早地结束了。原先密密麻麻地活跃在岩石上，让整个苔原沸腾起来的鸟儿，都陆陆续续地飞走了。娇小玲珑的角百灵和鹌鹑、野鸭、雁、鸥鸟、花魁鸟，也都离开这里了。再也听不到它们那充满欢乐与喜悦的鸣叫了。它们的雏鸟在学会飞翔之后，也跟着一起飞走了。现在，这里一片寂静。其他任何地方，都比不上这里寂静。

只是，偶尔会从远处传来骨头撞在一起的声音。那是雄驯鹿在用犄角决斗，为了雌鹿和地盘而举行的决斗。

苔原上，曾经五彩斑斓的小花和绿色的苔藓、地衣都枯萎了，地表重新结冻。苔原又进入了睡眠。苍蝇在空中飞舞，但很难把它们辨认出来。

从8月开始，这里的早晨逐渐变得寒冷起来。现在，水面上结了一层厚厚的冰。夏天在洋面上纵情驰骋的捕鱼船也早就开走了。从这儿经过的轮船，要是耽搁几天，就会被冰挡住前进的道路。只能依靠笨重但力量巨大的破冰船，在坚固的冰原上开凿出一条刚刚可以通行的路线。后面的轮船要是跟得不及时，开凿出来的路线用不了多久就会重新冻结。

这里的白昼越来越短，黑夜越来越长，气温降得越来越低。寒冷、多暴风雪的极夜就要来临了。

这里是乌拉尔原始森林

我们这儿，正在忙着接待来往的旅客。

从北方来的候鸟，比如野鸭、雁和鸣禽，会在这儿停留一阵子，短则半天，长则两三天。经过遥远而艰辛的跋涉，它们在树林间、草地上、湖泊边歇歇脚，补充食物。离开时，它们大部分选择在半夜动身。

在这儿越夏的鸟儿，现在差不多都踏上了秋天的旅程。它们要飞到南方，或者东方，或者西方，去过冬，去追寻温暖的阳光和充足的食物。

白桦、白杨和花楸树上，或黄或红的树叶差不多都凋落了。少数几片顽固的，在秋风中东摇西摆，还是牢牢地抓紧枝干，不愿意落下。落叶松上，金黄色的针叶取代了之前的深绿色，柔软的质感现在变得粗糙了。身体笨拙、浑身乌黑、长着一撮胡子的雄松鸡，每天晚上栖宿在落叶松的树枝上，蹲在金黄色的针叶间。阴暗的云杉林里，传出榛鸡的尖叫，似乎它也害怕那儿的阴郁气氛。

林子里出现了许多之前不曾见过的新鸟。雄灰雀的胸脯上长着红色的茸毛，而雌灰雀的胸脯上是淡蓝色的。深红色的松雀，在树枝上发出响亮悦耳的笛声。还有朱顶雀和角百灵，前者的脑袋上顶着一小块红色的羽毛，后者在头上长着像牛角一样的黑色羽毛。它们都是从北方飞来的。不过，它们用不着再往南方飞了，就在这里过冬。

收割后的田野，变得荒凉。在晴朗的白天，细长的银色蛛丝被微风轻轻地吹着，在空中到处飘荡。最后一批三色堇，在草地上零星而顽强地开着。桃叶卫矛的灌木丛间，挂着一些红色的小果实，像灯笼一样玲珑可爱。

随着冬季脚步的临近，不论是人类，还是动物，大家都在忙碌地准备着过冬。

地里的马铃薯快要挖完了。最后一批蔬菜，包括卷心菜，正在收割。每家每户的菜窖里，都塞得满满当当的，这些粮食将支撑我们度过整个漫长的冬季。在合适的天气里，我们还去原始森林采集杉松那淡褐色的圆柱形球果。

跟我们抢杉松坚果的，是喜欢把坚果藏在树墩下面的金花鼠。它的背上有五道鲜明的黑色长条纹，还拖着一条细细的尾巴。这个小家伙还从菜园里偷了不少葵花籽，以便把自家的仓库装得满满的。

棕红色的松鼠，一边趁着天晴在树枝上晒蘑菇，一边换上皮大衣冬装。其他的啮齿动物，长尾鼠、短尾野鼠和水老鼠，都在抓紧时间，抢夺各种各样的果实与坚果，储存在仓库里。它们也在为冬天的到来做准备。以松子为食的星鸦，也在急急忙忙地搬运坚果，以备挨饿时节的不时之需。

熊呢，早就给自己觅到了一处绝佳的地方作为洞穴。现在，它正在用爪子从云杉树干上撕下一些树皮，作为睡觉时的褥子。

这里是沙漠

这个季节，我们这里生机勃勃的，像是重新回到了春天。

夏日的酷暑终于消退了。雨季再次来临。空气里夹杂着新鲜的青草气息，视野开阔，可以清楚地看见远处的景物。接近枯萎的草儿，又变成了绿色。夏天被炙热的太阳逼得只能整日躲在窝里睡觉的动物们，现在都爬出来到处活动了。

甲虫、蚂蚁、蜘蛛、蜥蜴和金花鼠，纷纷从地下的洞穴里爬了出来。拖了一根长长尾巴的跳鼠，在地上蹦蹦跳跳，像只充满活力的小袋鼠。从夏眠中苏醒过来的巨蟒和沙漠蛇，又开始猎捕这些可口的小动物们。猫头鹰、鞑靼狐和沙漠猫，不知从哪个角落冒出来，现在也在沙漠里闲逛。黑尾羚羊和弯鼻羚羊在长满绿草的坡上，用它们矫健有力的长腿像风一样飞奔。各种鸟儿也重新回到了这里。

现在，这里不再是荒凉的沙漠，而是充满生命活力的草原。

趁着雨季，人们正在忙碌地种植防护林带，从森林边缘一步步向沙漠推进。几百、几千公顷的荒漠里，都要密密地铺上防护林带。那时，风沙就不能随意肆虐，田野将不再受到黄沙与热风的侵袭；那时，人们就能依靠自己的力量改造沙漠，让沙漠变害为利。

这里是高山

在这里，有不少超过 7 千米高的山峰，直插云霄，被人称为世界屋脊。

即使是在夏季，这里也是夏天与冬天并存。山下是炎热的夏天，而山顶依旧是寒冷的冬天。现在，秋天来了。在春天来临时被赶到山顶上蜷缩在角落里的冬天，站起身来，伸了个懒腰，开始从云端里精神抖擞地往山下走，把春天上山来的植物和动物往山下赶。

善于攀岩的野山羊一家，夏天住在到处都是悬崖峭壁的高山上，首先搬下山来。上面所有的植物都重新被冰和雪埋在地下，它们没有食物来源，不得不往下走。

绵羊也离开了它们的夏季高山牧场，回到了山下。活跃在夏季高山草原上的土拨鼠，在秋天消失得无影无踪。它们都躲进地下的洞穴里，早已储备好充足粮食的它们，开始了漫长的冬眠。

长着犄角的雄鹿带着自己的家人，沿着山坡走下山来。在胡桃树、阿月浑子树和野杏树的树丛里，野猪正用鼻子到处拱地，发出"哄哄"的声音。

山下的溪谷中，出现了角百灵、草地鹨、山鹛和红背鸲，这些都是夏天不曾见过的鸟儿。原来它们是来自北方的旅客，成群结队地飞到温暖的这里来了。

这阵子，山下经常下雨。一场秋雨一场寒，伴随着阵阵秋雨，冬天正一步步走近。同时山顶上经常下雪，白茫茫的积雪把道路都掩埋了起来。

趁着晴朗的天气，人们在田野里采摘棉花，在果园里收获成熟的果子，在山坡上采集胡桃。这些作物，都得赶在冬天来临之前采收完毕。

这里是乌克兰草原

在秋天黄色的草原上，许多轻盈的小圆球在上面奔跑，跃过岩石和土丘，飞到人的跟前，扑到人们的脚上。

捡起来细瞧，这是一团团干枯的草茎，茎梢和草端杂乱无章地翘着，乍一看像个缩成一团的小刺猬。这是秋天特有的风卷球。是调皮的秋风把它们连根拔起，然后推着它们在平坦的草原上到处乱跑的。机灵的风卷球，趁机在一路上播撒着种子。

沙漠的热风无法在草原上放肆了。人们栽种下的防护林带，挺着胸膛笔直地站在草原边缘，保卫田地和牧场，让它们不被风沙和旱灾破坏。从伏尔加河、顿河、列宁通航运河到这里修建了灌溉渠，源源不断的河水正向这里涌来。

这个季节，正是打猎的好时机。各式各样的野禽和水禽，大规模地聚集在草原湖边的芦苇中。在小峡谷的茂密草丛里，躲藏着一群肥壮的鹌鹑。草原上的地洞里，全是些带有棕红色斑点的大灰兔。这里可没有白色的兔子。森林里，狐狸和狼也有很多。

在城市的水果摊上，西瓜、香瓜、苹果、梨等各种水果，应有尽有。

这里是海洋

穿过到处是冰原的北冰洋，再驶过亚洲与美洲的分界线——白令海峡，我们就来到了世界上最大的海洋——太平洋。在白令海峡那儿，我们看到了许多鲸。之后在鄂霍次克海，我们也看到了不少。

远远地，我们看到一条鲸被捕鲸船从洋面拖到了甲板上。看模样，要么是露脊鲸，要么是鲱鲸。

它大概有21米长。这长度足有6头头尾相接的大象那么长。它要是张开血盆大口，容纳下一条木船还绰绰有余。光是它的心脏，就重148千克，而它的总体重是55000千克，即55吨。要是有一个巨大的天平，一端放着这条鲸，另一端要是想保持平衡的话，至少得站上1000个人。何况，它还不是海洋里最大的鲸，最大的是蓝鲸，长达33米，重达100多吨。

大自然母亲真是神奇，居然可以创造出像鲸这么巨大、这么令人惊奇的生物！在它们的面前，我们人类实在是太渺小了！

相应的，这些鲸的力气也很大。即使被锋利的标枪刺中了，它们也能拖着捕鲸船在洋面上航行一天一夜。要是它们潜进水里，还能把整条捕鲸船全部拖进水里，那是相当糟糕且可怕的情况。

不过，那是很久之前的事了。现在的捕鲸船都装备了先进的武器：用特制的炮筒发射标枪，取代以前的人力投射；现在更是在标枪上安装电线，另一端连着船上的发电机，花不了多久，就能利用强大的电流把一条巨大的鲸电死，并把它拖到甲板上。我们见到的那一条鲸，就是这么被猎杀的。

在白令海峡附近，海狗在水面上游弋，捕食鳕鱼和鲑鱼。在铜岛附近，我们看到了许多仰躺在洋面上的大海獭，顽皮的小海獭跟随在它们身边快乐地玩耍。在过去，这些能给人类提供珍贵毛皮的野兽被利欲熏心的猎人大量捕杀。不过，现在它们受到国家法律的保护，总算避免了被无情猎捕的命运。它们的数量也增多了不少。

在堪察加半岛的岸边，我们看到了一些海狮，差不多有海象那么大。有的在岸边的岩石上晒太阳，有的在海中觅食。

在秋天这收获的季节，鲸妈妈要游到热带的温暖水域里去产下小鲸，等到来年，带着小鲸一起回到太平洋和北冰洋的洋

面上来。虽说是小鲸，它们的个头可比两头牛要大得多呢。而
且，在我们这里，小鲸是不允许被猎杀的。

以上，就是现在各地秋天的场景。这次无线电通讯，到这
里也结束了。

下一次通报，也是最后一次，将在冬至，12 月 23 日举行。
不见不散！

NO.8 粮食储存月

（秋季第二月）

10 月 21 日—11 月 20 日太阳进入天蝎宫

太阳的诗篇——十月

在 10 月，西风从树枝上摘走了最后一批树叶。整日秋雨绵绵，淋湿了天空，也淋湿了大地。

一只浑身湿答答的乌鸦，形单影只地蹲在篱笆上，看着眼前的雨丝发呆。它也快要动身往南方去了。前一阵子，在这里度过一整个夏天的灰色乌鸦，成群结队地朝着南方飞走了，去追寻温暖的阳光。同时，一批来自北方的灰色乌鸦，也悄无声息地来到了我们身边。没想到，乌鸦也是候鸟。跟秃鼻乌鸦一样，这些生活在北方的乌鸦，也是春天最早到达、秋天最晚离开。

让森林换下夏装，是秋天完成的第一个任务。接下来，它开始做第二件事——让水变得冰凉。天气越来越冷，池塘水面上覆盖着一层薄冰的早晨越来越多。不会流动的死水，都被无情地冻结了。与森林里一样，水里的生命日益减少。夏天在水上灿烂盛开的花儿，早已凋谢。它们的种子埋在深深的淤泥之中，长长的花梗也早已枯萎。水下的鱼儿，或是挤在暖和的深水区，或是藏在水底的深坑里。一整个夏天都躲在水里的蝾螈，从池塘里爬上岸来，钻进腐烂树墩的树皮下，在里面缩成一团。

林子里，蚂蚁、蜈蚣、苍蝇、蝴蝶、蜘蛛，都早早地躲起来了。蛤蟆和青蛙钻进淤泥里。蝙蝠倒挂在深邃的山洞里。蜥蜴躲在树根下，把身子埋在青苔下面。在干燥的沙坑里，蛇盘成一团，纹丝不动。秋天把它们陆续地催眠，让它们进入香甜的梦乡。野兽们有的穿上了暖和的冬大衣，有的在为自己寻觅最好的洞穴，有的正忙着给自己仓库里储备下充足的粮食。大家都在为冰雪季节做准备。

俗话说，秋风秋雨愁煞人。在秋天，明媚的阳光越来越少，雨雪越来越多，时而阴云沉沉，时而落叶纷纷，时而大雨倾盆，时而狂风怒号。

林中趣事记

野鼠的准备

虽然眼下的天气还不大冷，但森林里的每一个居民都未雨绸缪，以自己的方式迎接冬天的到来。迁徙的候鸟，都扇动翅膀踏上了旅途，飞到遥远的地方去了。留鸟和其他在这里过冬的动物，这段时期，要么为自己搭建温暖而舒适的过冬小屋，要么到处搜集食物，为自己储备足够多的冬粮。

在所有搬运粮食的动物中，最起劲的是短尾野鼠。聪明的它们，直接在麦草垛或粮食垛下面，挖了大大小小的洞穴，整日往里面存放粮食。

每一个配备齐全的洞里，都有一间主卧和几间仓库，还有五六条通道。每一个通道，都通往一个洞口。也就是说，每一个野鼠洞，都有五六个出入口。这能使野鼠在遇到危险时，有几条后路可以选择。

要等到天气最冷的时候，勤劳的野鼠才会不得不待在家里。在那之前，它一直在外面奔波，寻找尽可能多的食物，甚至与其他动物抢夺食物。所以，对野鼠而言，它有一个较长的粮食储备期。现在，在幽暗的洞穴里，有的野鼠已经贮存了四五千粒经过精挑细选的麦粒。

草儿怎么过冬

跟动物一样，草儿也在准备着过冬。一年生的草本植物，大部分在秋天凋萎。不用担心，它们的种子早就躺在温暖的泥土之中。冬天的寒冷与风雪，都伤不着它们。

不过，不全是这样。有的一年生草本植物，并不使用种子过冬。正相反，它们在秋天已经发了芽。在菜园里那些翻过土的地里，冒出了许多一年生的杂草。在荒凉而肥沃的黑土地上，荠菜新长了一簇又一簇锯齿状的嫩叶。还有三色堇、犁头菜、香母草、野芝麻和紫缕，也纷纷在西风怒号的季节里长出了嫩芽。这些植物看似娇小，但坚强的它们不惧怕寒冷风雪的折磨。它们正是以这种形态熬过冬天，迎接温暖的春风。

树木怎么过冬

在广袤的雪地上，椴树远看像一个棕红色的斑点。棕红色的既不是花，也不是叶，而是它的坚果上的小翅膀，形状有点像小舌头。这种棕红色的翅果挂了满满一树。

桦树那光秃秃的树枝上也有类似的装饰。不过，那不是翅果，而是豆荚似的干果，既细又长，密密麻麻地聚集在枝梢上。

山梨树上的装饰最炫目。那是一串串黄澄澄、沉甸甸的果实，在阳光的照射下闪闪发光，让人垂涎三尺。

桃叶卫矛的灌木丛间，还悬着不少红色的果实，既像玲珑可爱的灯笼，又像娇艳的红玫瑰花。

白桦树的长卵形翅果、赤杨的黑色椭圆形坚果，都还迟迟地挂在树上。它们都没来得及在入冬之前将种子撒到泥土里去。不过，它们有秘密武器来迎接春天。这件武器就是那些看似干瘪了的柔荑花序。等挨过冰雪，在温暖湿润的春日，花序就会舒展筋骨，变得柔软而富有弹力。它的鳞片一打开就是开花，到时就可以培育后代了。

每个树枝上有两个暗红色柔荑花序的，那是榛子树。但是，在树上见不到榛子的任何踪迹。因为榛子早早地就被媒介传播到远方去了。而这些花序，与白桦、赤杨一样，期待着春天的到来。

■尼·巴甫洛娃

水老鼠的储藏室

耳朵短小的水老鼠，夏天住在河岸上的小别墅里。在如火般的骄阳下，它可以随时潜到水里去避暑。可到了秋天，它却搬到了干燥的草场上，把窝安在草墩下面。

几条又黑又长的步道，把它的小屋子分隔出一间卧室、一间客厅和几间储藏室。客厅与卧室的地上，铺着一层柔软而暖和的草垫子。

储藏室里，整整齐齐地储存着它从各处搜集来的粮食。麦粒、豌豆、马铃薯、葱头、蚕豆、花生，这些从菜园里偷来的谷物，被井然有序地存放在不同的储藏室里；松果和其他坚果，存放在过道尽头的房间里。看来，水老鼠这个小家伙，也是蛮爱整洁的。

松鼠的冬粮

在几棵高高的松树上，有几个圆圆的洞。除了一个当作卧室之外，其余的都是松鼠的仓库。这些仓库很大、很深。松鼠把这一段时期收集起来的松果、坚果、球果什么的，都储存在这几个树洞里面。每一颗，都是它精选出来的珍品。

松鼠还从林子里采摘了一些蘑菇，有油蕈、白桦蕈、白蘑以及洋口蘑。为了使这些蘑菇能够存放更久的时间，它把蘑菇一个个穿在折断了的松树树枝上，趁着晴朗的秋日晒干。

到了大雪纷飞的时节，松鼠就可以躲在舒适的窝里，尽情享受这些饱满的坚果和晒干的蘑菇。

奇怪的储藏室

在庞大的蜂族中，有一种体形娟瘦的蜂。它的头上长着一对细长的触角，顶端稍微向上卷曲；纤细的腰，将它的胸与腹明显地区分开；尾巴上宛如丝带般的长丝下面，是一根又细又尖的尾针；两对透明的翅膀，让它飞起来的时候如同优雅的空中仙子。这，就是姬蜂。

每年夏天，姬蜂都会在林子里寻找一种奇怪的储藏室。

这不，在灌木丛的叶片上，姬蜂找到一条肥硕的蝴蝶幼虫。只见它轻巧地扑到幼虫身上，用尾针刺进其身体，把卵产在里面。全程不过两三秒。产完卵，姬蜂振翅飞走后，毛毛虫又照常吃起了叶子。

到了秋天，毛毛虫结了茧。它要在里面度过一个冬天，才能在来年化蛹成蝶。与之同时住在茧里的，还有姬蜂的幼虫，它已经从卵里孵化出来了。结实而暖和的茧，为姬蜂幼虫提供了舒适的成长环境。而肥硕的毛毛虫，则为它提供了充足的营养来源。

到了第二年夏天，破茧而出的，不是蝴蝶，而是一只姬蜂成虫。毛毛虫早已死在茧里了。

姬蜂就是以这种方式，为自己繁殖后代的。寄主的幼虫和蛹，就是那间奇怪的储藏室。因为它们大多数寄生在害虫体内，可以帮助我们消灭各种害虫，所以总的来说，姬蜂算是我们的朋友。

随身携带的储藏室

森林里有许多动物，并不需要辛苦地建造储藏室来存放冬粮。

因为它们的身体，就是个可移动的巨大储藏室。

在秋天，这些动物四处寻找食物，敞开了肚皮海吃，拼命地把肚子填满。然后，个个吃得圆滚滚的，长出一身的脂肪。

破解储藏室奥秘的关键，就在于这脂肪。

对人类来说，脂肪是安静时的主要能量来源。这一点也适用于动物。皮下厚厚的一层脂肪里，储存着大量的能量。在寒冷的冬季没有食物来源时，这些脂肪里的能量就会释放出来，以便维持正常的生理机能。

除了提供能量之外，脂肪还能保暖，抵御寒气的侵袭。

灰熊、蝙蝠、獾、蛇、青蛙，以及其他冬眠动物，利用的正是这一点。即使整个冬天不吃不喝，它们也能安然熬过冬天。

谁动了长耳鸮的食物

棕黄色的长耳鸮，从外表上看有点像雕鸮。它的鲜明特征是脑袋两边有一簇长耳朵似的羽毛，它也因此得名。它的眼睛又大又圆，嘴巴像钩子一样锋利。即使是在漆黑的夜晚，它也能眼观六路、耳听八方。

长耳鸮以老鼠、鸟儿、小鱼、兔子和昆虫为食。只要猎物在灌木丛里窸窣作响，或是从空地上跑过，一旦被它盯上，用不了多久，就会命丧于其利爪之下。

捉回来的猎物，长耳鸮并不急着吃掉。与其他的动物一样，它也得为冬天储备粮食。它把猎物存放在黑黢黢的树洞里。白天，它待在窝里，边打盹儿，边守着自己的冬粮。到了黄昏和晚上，它就精神饱满地飞出去寻找猎物。

某一天，它忽然觉得有点不对劲，自己的冬粮似乎变少了。尽管它不会数数，但它记得储藏室里的粮食不只这么点儿。

后来，在一次狩猎归来后，它惊讶地发现，自己辛辛苦苦储备的冬粮居然不翼而飞了！这可让它怒发冲冠："居然有动物这么大胆，敢在太岁头上动土！"它火急火燎地到处寻找着案犯。在树洞底下，有一只灰褐色的小野兽，伏在地上一动不动，大小跟老鼠差不多。正当长耳鸮想扑上前去一把按住时，小野兽穿过树洞的裂缝，逃到外边去了。它的嘴里还叼着一只死老鼠！

"大胆小偷，敢在我的眼皮子底下偷东西，活得不耐烦了吧。看我怎么收拾你！"长耳鸮紧随其后。正当只差一步之遥就可以抓住小偷时，它突然主动放弃了追逐。原来，这小偷不是别人，正是专干抢劫偷盗行当的伶鼬。

虽然伶鼬个头比较小，但凶猛而灵敏。敢于向长耳鸮挑衅，就意味着它有办法应付被惹怒的长耳鸮。要是长耳鸮贸然出击，被这小家伙一口咬住胸膛，它就甭想活命了。

夏天回来了吗？

秋天的天气，总是冷暖不定的。一会儿西风怒号，阴冷刺骨，仿佛冬天忽然到来；一会儿温煦暖和的阳光普照大地，如同夏天重新回来了。

草地上，蒲公英和樱草花悄悄地探出头来，好奇地环顾四周，看看是不是夏天回来了。蝴蝶从栖身的石缝中飞出来，在半空中跳着秋之舞曲。蚊虫也成群结队的，聚集在潮湿的岸边。

不知从哪里飞来一只鹩鹩，这个小胖子穿着红棕色带黑褐色横斑的毛衣，落在枝头上，一边轻弹着短小的尾巴，一边嘹亮地唱着歌。高大的云杉树杈上，橄榄绿色的柳莺清脆地和着："敲，清，卡！敲，清，卡！"秋之协奏曲在此刻奏响，那么热情，那么充满活力。

这一切，恍如初夏，让人几乎忘记了即将到来的冬天。

受惊的青蛙

天气一点点寒冷起来，池塘上结了冰，像一面冰制的镜子。后来，温暖的阳光融化了冰面。农庄里的庄员们决定趁机把池底的淤泥清整一番。于是，他们从池塘里挖出一堆堆的淤泥。

堆在池塘边的淤泥，在阳光的抚摸下，冒出一缕缕细微的水蒸气。忽然，淤泥里有东西动了起来。

有的泥团露出尾巴，在地上不停地翻着身子，一阵挣扎之后，"扑通"一声，跳进了池塘。有的泥团伸出四条小腿，从地面一蹦一跳地跳开去了。

原来，这是些裹着淤泥的小鱼和青蛙。它们躲在池底的淤泥里过冬。本来在淤泥里睡得香甜，却不想被庄员们给挖了出来。太阳把睡梦中的它们叫醒。一醒来，发现自己不在水底，它们就相继活动起来。

鱼儿离不开水，于是它们纷纷回到池塘里去。青蛙呢，打算另找一处清静点的地方，继续冬眠。它们知道，在打麦场的另一边，有一个更大、更深的池塘。这些家伙决定搬到那里去。于是，几十只泥巴色的青蛙，声势浩荡地上了路，朝着大池塘跳去。

然而，天有不测风云，乌云转眼间就遮住了太阳，寒冷的西风呼啸而过。身上湿漉漉的青蛙们，顿时被冻得瑟瑟发抖。为了温暖的淤泥，它们继续冒着寒风往前跳。可是，天气实在冷得够呛，单薄的它们怎么也抵御不住寒冷的侵袭。脚很快就冻麻了。拼尽全力跳了几下之后，它们最终还是倒在了路上，再也动弹不了。

所有的青蛙都冻死了，它们的尸体横在路上。它们的头，都朝着同一个方向：在那里，有个大池塘，还有暖和的淤泥。可惜，它们永远都到不了了。

红胸小鸟

今年夏天的一个傍晚，我在森林里散步时，听到路边的草丛里传来窸窸窣窣的声音，好像有什么东西在跑。我拨开草丛一看，原来是一只鸟被草藤缠住了脚。它个子不大，浑身长着灰色的羽毛，唯独胸脯是鲜艳的红色。

看到有陌生人接近，这只小鸟在困境之中仍不忘警惕。好几次我伸出手，想把它脚上的草藤解开，它都用小嘴啄我的手。尽管这样，我还是把它解救出来，并把它带回了家。

我给它找了个鸟笼，并喂了些面包屑，还给它捉了些小虫子。前两天，它闷闷不乐，不愿意吃我给它的食物。不过，后来它逐渐接受了我，愿意吃点东西。再后来，我跟它成了好朋友。小家伙在我家度过了一整个夏天和半个秋天。

后来，我出门时，没把鸟笼的门锁好。我回来时，伤心地发现它已经不在了，是被我家的猫儿吃掉的。

我伤心得直掉眼泪。都是我的错，要是我当时把鸟笼关好，它就不会被可恶的猫吃掉了。要是它能原谅我就好了。

■森林通讯员 奥斯大宁

一只松鼠

在秋天，松鼠要忙着到处搜集粮食，预备过冬。在林子里，能时不时地发现它们在树枝间跳跃的身影。

有一次，我亲眼看到一只拖着灰茸茸尾巴的松鼠，从云杉树上摘下一个球果，然后抱回到附近一棵松树的树洞里。像小偷那样，我在这棵松树上暗暗地做了一个记号。

后来，庄员们在伐木的时候，将这棵松树砍倒了。没来得及逃走的松鼠被我拎了出来，它手脚并用地使劲挣扎着。在那树洞里，我掏出了不少大大小小的球果。

我把松鼠带回了家，养在专门制作的笼子里。这个小客人的脾气很大。一个伙伴把手指伸过去触摸它的茸毛，结果被它狠狠地咬了一口，疼了好一阵子。

树洞里的球果，也被我们带回了家，当作给小客人的食物。它起先小心翼翼的，趁别人不在的时候，背过身子偷偷地吃。后来，它就肆无忌惮起来，刚把云杉球果放在笼子里，就被它一把夺去。与云杉球果相比，它最爱吃的还是松果、榛子和胡桃。

■森林通讯员 斯米尔诺夫

我的三只小鸭子

我最喜欢的动物是鸭子，也一直希望能拥有属于我自己的鸭子。后来，经不住我的百般央求，在吐绶鸡孵蛋的时候，妈妈在它的窝里放了3个鸭蛋。

一转眼，过了三个星期。第四个星期的一天，吐绶鸡的窝里，冒出了几只瘦弱的小吐绶鸡，还有3只可爱的小鸭子。

小东西们刚出生，身子还很弱，于是我们把它们养在暖和的屋子里。过了几天，它们睁开了眼睛，吐绶鸡妈妈就带着孩子们第一次到室外去了。

在明亮的阳光中，这些小家伙像一个个小毛球。一见到我家附近的小水沟，三只小鸭子就脱离队伍，晃晃悠悠地往水边走，下水、滑动脚蹼、游泳，一系列动作流畅而自然。着急的吐绶鸡妈妈站在岸上，冲着小鸭子，"哦哦"地叫着，仿佛在说："快回来！太危险！"可是，小鸭子们并不理睬它。

叫了一会儿，看它们三个在水里游得不亦乐乎，吐绶鸡妈妈带着小吐绶鸡走开了。看来，它想明白了，那几个不是自己的亲生孩子。不然，它们怎么会游泳呢？

小鸭子们在水里游了一阵，就走上岸来，唧唧地叫着。水有点冷，加上风一吹，小家伙更是冷得浑身发抖。我把它们捧在手心里，带回了屋子。一回到温暖的室内，这三只小鸭子立马就安静了下来。

就这样，它们在我家住了下来。由我负责照顾它们，喂食，喝水，有时还带着它们一起在村子里游玩。它们很快就跟我混熟了，整天像个小尾巴似的跟在我屁股后面。

每天早上，我会起得早早的，把小鸭子们从屋子里放出去。它们自己会往水里跑，东啄啄，西啄啄。要是觉得冷了，它们就立马上岸，跑回家里。可是，它们的翅膀还没有完全长出来，还上不了台阶，只能站在台阶前死命地叫唤，等人过来帮助它们。

只要它们一进屋，就往我的床边跑，整齐地站在床边，伸长了脖子，"唧唧""唧唧"。如果我还在睡觉，妈妈就会把这三个小家伙拎到床上来，让它们陪我睡觉。

到了秋天，它们长大了。而我也要去城里上学。妈妈说，那三只小鸭子很想念我，老是在我的床边叫唤。我听到这个消息，不知不觉地流下了眼泪，我也很想念它们。

■森林通讯员 薇拉·米赫耶娃

星鸦之谜

这里的森林里，生活着一种乌鸦。体型比普通的灰色乌鸦要小，咖啡色的身上净是些白色的斑点。我们管它们叫星鸦，西伯利亚那边的人叫它们星乌。

　　它们最爱吃松子。与松鼠一样，星鸦在秋天收集松子，并存放在树洞里、树根下和灌木丛里，用以应对寒冷季节里的饥荒。

　　到了冬天，喜爱旅行的星鸦到处游荡，从这个地方飞到那个地方，从这座森林飞到那座森林。不用担心它们会饿着，因为它们每天都能享受到美味的松子。这松子，当然不是随身携带的。事实上，它们享用的松子，是别的星鸦收集并贮藏的。

　　似乎星鸦这一种族内部，存在着某种约定俗成的习惯。也就是，每一只星鸦储备的食物，不一定非得自己食用，也可能被同族的其他星鸦食用。而且，无论飞到哪一片森林，星鸦们总能找到别的星鸦储藏室里的松子。要么翻检树洞，要么搜寻树根，要么扒开灌木丛，即使是在大雪覆盖、白茫茫一片的环境中，它们也能准确无误地找到那些被藏起来的松子。

　　为什么星鸦可以准确地找到别的星鸦贮藏起来的松子？这里面的原因，我们无法解释，有待于科学家们进一步的实验与探究。

胆小的兔子

　　现在，树上的叶子落光了，枝杈上光秃秃的。地面上积满了落叶，黄色的、红色的、橙色的、棕色的，这些叶子把大地装点得五彩斑斓的。整个森林变得舒朗而寂静。

　　一只小兔子趴在灌木丛里。它正在换毛，身上斑斑点点的，再过不久就能变成一只雪白的兔子了。它把身子紧紧地贴在地上，提心吊胆地向四周张望，小心脏扑通扑通的，简直快要从嗓子眼里跳出来。

四周静悄悄的，可老是有窸窣窸窣的声音……是老鹰在树枝上拍动翅膀发出的声音吗？是狐狸的脚踩在落叶上的声音？还是猎人在偷偷靠近？

窸窣窸窣的声音还在响。怎么办？怎么办？赶紧跳出来逃跑吗？可是逃到哪里去？哪里才是安全的地方？有谁可以来救它？

脚下一踩到枯叶，就会沙沙作响。在这寂静的林子里，光是自己的脚步声，都能把自己吓死。

它还是不敢出来。继续趴在灌木丛底下，压低身子，藏在青苔里。后腿贴着一个白桦树的树墩，一动不动。只有两颗惊恐的眼珠子，左转转，右转转。

窸窣窸窣，好可怕呀……

"巫女的笤帚"

到了眼下这个季节，落叶乔木的树叶都掉完了。不论是树枝上，还是树干上，都是光秃秃的。之前被浓密的树叶遮挡起来的部分，现在可以一览无余了。

不远处，一棵白桦树上，好像有许多秃鼻乌鸦的巢。可走近一看，那压根不是鸟巢，而是一束束奇怪的细树枝，向各个方向杂乱地伸展着，黑不溜秋的。它们被叫作"巫女的笤帚"。

在传说中，穿着黑色斗篷的女妖和巫婆骑着笤帚从烟囱里飞出来，在飞行时会在天空留下痕迹。她们要用笤帚扫除这些痕迹。所以对她们来说，笤帚非常重要。于是，她们就在几种树上洒上特别的魔法药水，让这些树专长笤帚似的树枝，以备自己使用。白桦树上的，可不就是笤帚般的树枝吗？

这当然只是传说。那么，为什么白桦树上会长出这样的树枝呢？科学家们发现，原来，这是由病变引起的。罪魁祸首是一种特别的扁虱，或者特别的菌类。

榛子树上的扁虱，容易被风吹到其他的树上，一粘到树枝，扁虱就会钻进附近的一个芽里面，吸取里面的汁液。由于被扁虱咬伤和它们的分泌物，芽就发生了病变。在发育成树枝时，快速生长，而又营养不够，便发育成一根短短的嫩枝。然后，在嫩枝上，又生出侧枝，如此往复。在只有一个芽的部位，原本只能长出一根树枝，但因为病变，结果就长出了一束奇形怪状的"巫女的笤帚"。

当一个菌类的孢子钻进芽里，并在里面生长发育时，也会产生同样的病变。

除了白桦，赤杨、千金榆、槭树、山毛榉、松树、云杉等乔木以及其他灌木，也都有可能发生类似的病变，长出奇形怪状的树枝。

孩子们的纪念碑

在队伍庞大的栽树大军中，除了由成年人组成的主力军之外，孩子们也不甘落后，纷纷加入其中。

孩子们用自己的双手，把小树苗小心翼翼地从苗圃里挖出来，然后让它们像一个个小士兵似的整齐地站在公园里、河岸上、池塘边、峡谷中。到了春天，这些小"士兵"会从睡梦中苏醒过来，努力吸收阳光、水分和营养，苗壮成长，变成健壮的大"士兵"，手挽手地守护着田野和城市。在带来绿荫的同时，也给人们带来生命的希望和对未来的期待。

事实上，这些小树是一座座奇妙的纪念碑，纪念着那些曾经栽下它和照料它的孩子们。每一个参与栽树的孩子，都被无形地铭刻在这些绿色纪念碑上。

懂事的孩子们，还在菜园和花园，用灌木和小树密密地编织了一道道充满活力的篱笆。它们不仅可以保护作物不受灰尘和积雪的侵害，还可以吸引许多鸟儿在这里定居下来。等篱笆长大了，知更鸟、黄鹂鸰、黄莺等鸣禽，将在这里筑巢、孵蛋、养育后代。更重要的是，这些鸟儿是害虫的天敌，是菜园和花园的防护墙。对了，它们还会以美妙的歌喉，在树枝间唱歌给大伙儿听。

　　一些从克里木回来的孩子，带回了列娃树的种子，把它们播种在泥土里。在春天，这些种子也将长成结实的篱笆。它的茎上长了刺猬一样的刺，会毫不留情地把人戳伤，所以得挂个"勿用手碰"的告示牌，提醒大家注意安全。它是个恪尽职守的看守者，不放任何人穿过它的屏障。不知道到时什么鸟儿会把巢安在这里。

候鸟迁徙的原因

　　前面提到过，候鸟的飞行方向并不是随意的。每一种候鸟，都有固定的越冬地点。比如，我们这里的朱雀，它们的越冬地在印度，而西伯利亚游隼的越冬地在更加遥远的澳大利亚。

　　这样看来，候鸟的迁徙，并不仅仅是因为寒冷与饥饿。不然，它们何必大费周章地一定要飞到那么远的地方去呢？中途不就有许多适宜过冬的地点吗？似乎存在一种复杂的因素，在促使着它们飞越万水千山。

　　很多人猜测候鸟迁徙的原因。有一种说法是这样的：

　　在远古时代，由于气候寒冷，地球表面大部分覆盖着冰川。我们国家的领土上，也大规模地覆盖着厚厚的冰川。后来，气候转暖，冰川慢慢地从大地上退去。再后来，气候再次变冷，冰川又重新回来。冰期与间冰期的这种转变，使地球上物种的分布与习性发生了很大变化。

在温暖的间冰期，鸟儿惬意地生活在我们这里。但在寒冷的冰期，它们不得不转移阵地。第一批动身的鸟儿，占据了离冰川最近的土地。第二批鸟儿飞得远些，第三批、第四批飞得更远。等到冰川退去，这些鸟儿又回到原来的故乡。最近的，最先回来。飞得远一些的，迟点回来。飞的距离越远，回到故乡的时间越迟。冰期与间冰期的转变，少则几千年，多则几十甚至几百万年。相应地，鸟儿在两个栖息地之间的飞行转移，也间隔了相当长的时间。可能鸟儿就在这样的迁徙中，久而久之，逐渐养成了习惯：当天气变冷的时候，离开这里，而在春天气温回暖时，回到旧巢。这种迁徙的记忆，深深地印刻在它们的头脑里，所以候鸟们每年都要迁徙。

另一方面，在没有出现过冰川的地方，比如热带地区，就不存在大批的候鸟，这也证明了上述猜想的合理性。

候鸟迁徙的其他原因

有关冰川的猜想，只适用于候鸟从北向南飞的情况。然而，众所周知，鸟儿的迁徙是多种多样的，有的从东方飞到西方，有的从西方飞到东方，还有的从南方飞到北方。还存在着其他的因素，影响着鸟儿的迁徙。

有的鸟儿，比如秃鼻乌鸦、绵鸭、椋鸟、云雀、野鸭、鸥鸟等，只是因为冬天厚厚的积雪掩埋了大地，导致食物来源的缺乏，迫使它们前往其他食物充足的地方。等到春天土地一解冻，它们就会很快回到我们的身边。

另一方面，即使是留鸟，也不是老待在一个地方不动的。只有麻雀、寒鸦、鸽子和野鸡，才会一整年地生活在同一个地方。其余的鸟儿都会移居，有的搬到近一点的地方，有的搬到远一点的地方。因此，判断一种鸟类是真正的候鸟，还是移栖的鸟儿，有时并不简单。

在外观上，灰雀的头和胸脯是鲜红色的，黄雀浑身是金黄色的，它们怎么看怎么像是来自热带的客人。事实上，的确如此，黄雀是非洲鸟，灰雀是印度鸟。使它们成为候鸟的原因，好像并不是冰期与间冰期的作用。

也许存在着某种原因，类似于鸟类过剩，促使黄雀和灰雀不得不背井离乡，去获取更大的生存空间。地广人稀的北方，成为它们的目的地。夏天的北方并不冷，它们可以在这儿顺利地繁殖后代。等到秋天，再带着长大了的雏鸟，一起回到原本的故乡去。这样来回飞行，最终让它们形成了迁徙的习惯。

还有一种猜测，是因为鸟儿习惯了新的筑巢地。经过观察，最近几十年来，灰雀的筑巢地一直西移，甚至到了波罗的海岸边。

上面的这些猜想，或多或少可以帮助我们理解一些有关鸟儿迁徙的问题。但是，还有不少难以破解的谜团，等待着我们去探索。

路线的谜团

关于候鸟为何迁徙这个问题，我们已经讨论了好几种假设。现在，我们来关注一个挺关键的问题：这些候鸟是怎么知道迁徙路线的？

以前，人们认为，相对于雏鸟，老鸟更熟悉路线，于是每一支迁徙的队伍中，会有一只识途的老鸟负责带路，带领全体雏鸟飞到越冬地。

但是，现在的研究否定了这种观点。因为人们发现，在一些迁徙队伍中，全是夏天刚孵化出来的雏鸟，没有一只老鸟。的确，在迁徙时，不同的鸟类有不同的飞行策略。有的让雏鸟先动身，有的让老鸟先飞走。无论哪一种，都是老鸟与雏鸟分开飞行的。那些出生才两三个月的雏鸟，是第一次从筑巢地飞往越冬地，它们是怎么知道正确的迁徙路线的？

举一个例子。在泽列诺高尔斯克的一座花园里，一只小杜鹃被一对红胸鸲夫妇抚养长大。到了秋天，小杜鹃离开了养父母。红胸鸲在高加索地区过冬，而那只小杜鹃却飞到南非去过冬。而且，其他的杜鹃比它早动身一个月。在没有老鸟指路的前提下，小杜鹃能独自飞越崇山峻岭和浩瀚的海洋，回到越冬地，这真是令人百思不得其解。

究竟是什么原因造成每一只鸟都知道迁徙的路线呢？亲爱的读者们，这个谜团就留给你们来解答。

风的分数（二）

之前，我们已经讨论过 6 分及 6 分以下的风，接下来，看看 7 分到 12 分的风吧。

7 分的风，是疾风，速度是 13.9~17.1 米每秒，50~61 千米每小时。它能摇动大树，在海面上吹起轻度大浪，水花四溅。渔船被迫停在安全的海港里。要是出海的话，得下锚。迎着风行走，很费劲。

8 分的风，是大风，17.2~20.7 米每秒，62~74 千米每小时。能折断细弱的小树枝，形成中度大浪。近海的渔船都停留在海港里，不允许出海。迎风行走，会觉得迎面有一股强大的阻力阻止你往前走。

9 分的风，是烈风，20.8~24.4 米每秒，或 75~88 千米每小时。屋顶上的烟囱，以及平房屋顶会在风中损坏，瓦片有可能被吹落。

10 分的风，是狂风，24.5~28.4 米每秒，或者 89~102 千米每小时。这种风在陆地上比较少见，一般出现在海上。要是在陆地上出现，能把树连根拔起，摧毁房屋，破坏力很大。

11 分的是暴风，28.5~32.6 米每秒，与信鸽快速飞行时的速度一样。12 分的是飓风，秒速 32.6 米以上，相当于隼鹰俯冲的速度。这两种灾难性的风，在陆地上绝少出现，多出现在海洋上。海洋像是发怒了一样，狂风怒吼，海浪滔天。在陆地上出现时，能把大树连根拔起，吹掉房屋的屋顶，把汽车掀翻，破坏力极大。值得庆幸的是，在我们国家，暴风和飓风都是极少见的，不会给我们带来巨大的损失。

农庄生活

拖拉机结束了播种与耕地，田野里安静了下来。

打谷场上，从亚麻茎中抽纤维的工作已经接近尾声。用不了多久，几辆货车就会陆续把最后的亚麻运到车站里去。

忙完了田间地头的农活，庄员们的注意力转移到了农庄里的家畜身上。天气逐渐变冷，草场差不多枯萎了。牛羊被赶进了牲畜栏里，马儿也回到了马厩。牧童们不再把它们放到草场上去了。

空荡荡的田里，灰山鹑肆无忌惮地来到村庄附近。为了寻找更多的食物，它们壮着胆子在谷仓过夜，伺机偷吃，有时甚至飞到村子里来，在院子里到处转悠。

养鸡场

过了秋分，白昼时间越变越短。为了让鸡多长肉，在农庄的养鸡场里，饲养员决定每晚打开电灯，延长鸡的散步时间和进食时间。

即使到了晚上，养鸡场里还是亮堂堂的。鸡们兴致勃勃地走来走去，丝毫没有困意。有的在炉灰里开心地洗澡，有的在食槽里东啄啄、西啄啄，似乎还没有吃饱。

营养的干草末

收割的牧草晒干后，除了用作牛儿和马儿过冬的粮食之外，还能剁碎制作成干草末。

在所有饲料中，这是最好的调味料，既好吃，又有营养。

不管是吃奶的小猪，还是下蛋的母鸡，都需要吃点干草末。这样，小猪才能长得更快，母鸡才能下更多的蛋。

装扮苹果树

果园里，一大群庄员聚集在苹果树林中。苹果早已摘完了，现在，他们忙着装扮苹果树。

入冬之前，得修整苹果树。

灰绿色的苔藓，挂在褐色的树干上，如同灰绿色的补丁，这边一块，那边一块，非常显眼。而且，在这些苔藓里面，可能躲着害虫。所以，为了让苹果树安然地度过冬天，必须除掉这些讨厌的苔藓。

在这之后，庄员们还在树干和一些树枝上，涂上了白色的石灰。像是给苹果树们套上了一件白毛衣。这件毛衣，既能保护苹果树免受寒冷的侵袭，也能防止害虫的侵害，还能不让它们被太阳晒伤。真是一举三得呢。

老婆婆喜欢的蘑菇

在农庄里，有一位老婆婆，叫阿库丽娜。她的年纪已经超过 100 岁了，是个老寿星。

虽然年纪大了，老婆婆仍精神矍铄，身体健朗。与坐在院子里晒太阳相比，她更喜欢到处走走。昨天，当我们想去采访她时，她碰巧不在家——她去林子里采蘑菇了。

老婆婆回来时，掏出了满满一口袋的洋口蘑，对我们说："这是洋口蘑，是我最喜欢的蘑菇。别的蘑菇都零散地长在草地上，躲在看不见的地方。我眼睛不行啦，找不到它们。只有这种白色的蘑菇，颜色很显眼，又是一大片地长在一起，很容易就能找到。它们还爬到树墩上，生怕别人看不见它们一样。其实呀，我们早就看到了，对不对？这种蘑菇，好像是专门为我这把年纪的老婆子长的一样！"

晚播

在附近的一个农庄里，几个庄员正弯着腰，往地里撒莴苣、香芹菜、葱和胡萝卜的种子。

一个路过的小女孩看到了这一幕，十分疑惑不解："都快冬天了，天气这么冷，把种子撒在地里，它们能发芽吗？"

的确，在这个季节，任何种子都不能发芽了。即使好不容易发了芽，也会很快被无情地冻死。这些种子之所以现在播种，正是看中了它们不会在秋天发芽。

不过，到了春天，地里的种子就会很快地发芽、生长。在来年春天，早一点收获到这些蔬菜，不是一件让人心情愉悦的事吗？

■尼·巴甫洛娃

集体农庄的植树周

植树周不只春天有，在秋天也有。现在全国各地都开始了植树周。

苗圃里准备着大量的树苗，大家准备在植树周里大显身手。

集体农庄里，庄员们都在忙着开辟新的果园，成百万棵苹果树、梨树，还有其他果树被栽在那里。

■列宁格勒塔斯社

城市之声

动物园里

在森林里的动物为过冬紧张忙碌的时候，动物园里的动物怎么准备过冬呢？

动物园里的鸟儿，用不着扇动翅膀跋山涉水地飞往温暖的越冬地。在一天之内，它们就能转移到温暖的地方。是工作人员帮了大忙，让它们一一住进温暖的室内。

其他的动物们，也不用到处挖洞、储存粮食。这一切，细心的工作人员都提供好了。一到秋天，它们就接二连三地住进了暖烘烘的房间里。每天，美味的食物会定时出现在眼前。所以，它们都不打算过漫长的冬眠生活。

空中的"飞机"

这段日子，城市的上空总是盘旋着一些小"飞机"，引得路人纷纷站在街上，或是从窗户里探出身子，仰头观看。

这些小"飞机"，机翼平直地伸展着，在天空中慢慢地兜圈子，一圈又一圈，一圈又一圈。可奇怪的是，听不到任何螺旋桨转动发出的轰隆轰隆的声音。而且，这并不是飞行高度的缘故，即使它们飞得很低，也听不到声音。

因为它们不是飞机，根本没有螺旋桨。

这些是金雕。它们擅长用柔软而灵活的翅膀来调节飞行的方向、高度，最喜欢翱翔和滑翔。在空中滑翔时，张开翅膀的它们很像飞机。现在，它们正在从北向南迁徙，恰好路过这里。

河上的野鸭

最近一个月以来，经常有各种各样的野鸭，出现在涅瓦河上的斯密特中尉桥、彼得罗巴甫洛夫斯克要塞附近，以及其他地方。

在这些野鸭中，全身黑色的欧海番鸭，成群结队地游在水面上。斑脸海番鸭也是黑色的，不过它的翅膀上带有白斑，眼睛后面有一块白色的块斑。它时而在水中踮起脚尖，张开翅膀，伸长脖子，时而一头钻进水里捉鱼。长尾鸭的颈侧长着黑褐色的块斑，尾巴像轻盈的船桨。鹊鸭的颈部和胸脯都是白色，头上却套了一顶黑色的头套，露出两只黄色的眼睛。

它们一点儿都不怕城市的喧闹声。汽车的喇叭、行人的说话、火车的汽笛，丝毫影响不了它们。即使面对庞大的蒸汽轮船，擅长潜水的它们也没有惊慌失措。低头往水里一钻，过一会儿从几十米远的水面再次出现，继续优哉游哉地往前游。

这些野鸭，每年两次来到我们这里，春、秋各一次。当涅瓦河里出现上游漂下来的冰块时，它们就动身飞走了。

最后一次旅行

在秋天的魔法棒下，河水变得凉起来了。

一大批收拾完行李的老鳗鱼，开始了它们生命当中第二次，也是最后一次长途旅行。

从涅瓦河出发，游经芬兰湾、波罗的海和北海，它们一直要游到大西洋深处去，游到藻海——它们的出生地去。

在那儿，它们也将找到各自的墓地。

不过，在死之前，它们还有重要的事情要完成：产卵。

大洋深处，并不是我们想象中那样，都是阴暗寒冷的。有的地方就比较暖和，比如藻海。因为北赤道暖流的缘故，那里的水温常年保持着 7 摄氏度。鳗鱼就出生在这样的环境中。

用不了多久，鱼卵就会孵化成小扁鱼。它们全身透明，能一清二楚地看见肚子里的肠子。它们将在海洋里生活三年。

三年之后，这些小扁鱼将从海洋游回 2500 千米以外的涅瓦河里，并在那儿长成大鳗鱼。

NO.9 冬客报到月

（秋季第三月）

11月21日—12月20日太阳进入人马宫

太阳的诗篇——十一月

11月，处在秋与冬的过渡时期，一半是秋天，一半是冬天。

秋风卷走了森林的夏装后，把水困在冰层之下，再在大地上盖上一层雪白的被子。这是秋天需要完成的三件任务。

池塘和湖泊里，都结了冰，在阳光的照射下晶莹剔透的。可不能大意地踩到冰上去哦。这些冰还很薄，很容易就会裂开，"咔嚓"一声，保准让你掉进冰冷的水里去。

林子里，常绿乔木穿着墨绿色的衣裳。而落叶乔木的树枝上是光秃秃的，冰冷的雨水从树梢一路流到了树根。

雪怯生生地从空中飘落，它还不大习惯自己的提早登场。田野里，一片白茫茫的。

不过，现在只是前奏，真正的冬天还没有到来。几场阴雨之后，太阳还会照常出现，给我们带来一丝暖意。你看，树根下，这儿飞出一群黑色的蚊虫，那儿开出一朵金黄色的蒲公英，或者款冬花。地上的积雪也融化了，变成了泥泞的道路。树木还在沉睡，它们要等到来年春天才能苏醒过来。

伐木的季节开始了。

林中趣事记
奇怪的现象

雪下的一年生的草儿都冻死了吗？带着这个疑问，我拨开了地上的积雪。

出乎意料，其中一些并没有被冻死。虽然现在已经是11月了，但不少还是绿色的。

雀稗的茎，相互交织在一起，错综复杂地铺在地上。条状的小叶片，或被压折了一半，或平躺在地上。令人惊讶的是，它还盛开着粉红色的小花。

矮矮的荨麻也没被冻死。它那宽宽的叶片上，长着细密的短毛。要是手不小心碰到它，就会像被蜂蜇了一下，接着出现红肿的水疱。夏天在地里除草时，经常被它蜇伤，挺让人讨厌的。不过，这会儿看它还生机勃勃的，莫名的愉快在心头泛起。

蓝堇呢，全株灰绿色的。三枚小叶子长在叶轴的左右两侧，像羽毛一样。茎端上，开着细长的粉紫色小花，如同一个个小喇叭。

等到春天，这些小草就都会消失得无影无踪。为什么现在即使被覆盖在雪下还顽强地活着呢？这种奇怪的现象该怎么解释呢？实在有些让人费解。

■尼·巴甫洛娃

冬客来了

冰冷的西风在森林里肆虐，蛮横地吹掉所有的落叶，霸道地摘掉灌木丛上的果实。白桦、白杨和赤杨，露着光秃秃的手臂，在风中东摇西晃，想抓住最后一片叶子，但又无能为力。最后一批候鸟，带上包裹急急忙忙地动身离开。

在这里越夏的鸟儿还没有走完，冬天的客人就早已来了。它们的到来，让森林即使在冬天也不会死气沉沉的。它们个个穿着暖和的毛绒大衣，背囊里装着满满的粮食，不用在冰天雪地里挨饿。

秋日的精灵

沼泽边，赤杨树孤零零地横斜在水面上。光秃秃的树枝裸露着黑色的树皮，上面没有一片树叶。地上也找不着任何青草的痕迹，它们要么钻进了泥土里，要么早已冻死在秋风里。无力的太阳，偶尔从灰色的云层里探出头来，为阴暗的森林增加一点点亮光。

忽然，空中出现了许多五光十色的精灵，白色的、黄色的、橙色的、红色的，在沼泽边飞舞。有的停在赤杨的树梢上，有的粘在桦树的白色树干上，有的平稳地落到了地上，有的在空中拍动着翅膀。一种芦笛似的叫声，回荡在沼泽地上。

它们是什么？从哪里来？为什么来到这里？

来自北方的客人

它们是来自北方的鸣禽。遥远的北方，冰天雪地的，它们千里迢迢到我们这里来过冬。这儿要比北方暖和多了。

朱顶雀的脑袋上顶着一小块红色的羽毛，胸脯上也是红色的。灰褐色的太平鸟，头上有一簇细长的羽冠，羽冠两侧各有一条黑色的贯眼纹，翅膀上有五道小小的红色翼斑。深红色的松雀体大而尾长，厚厚的嘴巴前端是钩形的，蹲在枝头上发出响亮悦耳的笛声。交嘴鸟，顾名思义，它的上下嘴唇呈交叉状，雄鸟是红褐色的，雌鸟是灰绿色的。还有，胸脯、翼斑和尾巴是黄绿色的黄雀，翅膀上有鲜黄色的小金翅雀，胸脯上长着红色茸毛的雄灰雀，都从北方飞来。而本地的黄雀、金翅雀和灰雀，则转移到更暖和的地方去过冬了。

浆果和种子，是这些鸟儿的最爱。黄雀和朱顶雀，在赤杨树和白桦树上跳跃着，寻找着饱满的赤杨子和白桦子。太平鸟和灰雀，在枝头悬着大半个身子，伸长脖子去啄美味的山梨。交嘴鸟倒挂在松树和云杉树上，吃松子和云杉子。这些食物能支撑它们度过大半个冬季。

东方来的客人

在路边矮小的柳树上，聚集着一大群白山雀。有的挺直身子，站在高高的树梢上；有的慵懒地蹲在枝条上，闭着眼睛打瞌睡；有的惬意地倚靠着树干，望着远方的山峦；还有的白山雀，精力充沛地在树枝间上蹿下跳，白色的身影在空中时隐时现。清脆的啼啭声，在空气中荡漾。

这些小客人，是大老远从东方飞来的。它们从西伯利亚出发，一路向西飞，越过高耸的乌拉尔山脉，好不容易才来到我们身边。在寒冷的西伯利亚，冬天早已降临，那儿早已成为银装素裹的冰雪世界。

落雪了

灰暗的天空中，大片乌云遮住了太阳。起风了，从高空飘落下一片片细小的雪花。

森林里，一只胖胖的獾，正匆匆地向自己的家走去。它一肚子的不痛快，不知该怎么发泄。最近，林子里变得既潮湿又泥泞，出门一趟，自己的脚上全是脏兮兮的烂泥。不仅没有找到合适的食物，而且还不小心摔了一跤，滚进了冰冷的河水里，冻得它直打喷嚏。回来的路上，还不幸地碰上落雪。看样子，是时候钻进干燥、暖和的洞里去冬眠了。

从树枝间传来噪鸦的大声叫唤。身上的羽毛蓬松而杂乱，它们为了争夺松树的种子，在彼此掐架。它们的羽毛被雪打湿后，闪着棕褐色的光泽。

一只孤独的乌鸦"哇"地叫了一声，然后从树枝上，扇动着黑色的翅膀，飞到远处的草丛里。原来，它发现那儿躺着一具动物的尸体。饿了许久的它，此时眼睛里冒着火花般的光亮。

过了一会儿，所有嘈杂的声音消失了，四周寂静得如同死去了一样。

仔细听，唯有细微的沙沙声。那是雪花飘落的声音。它们一片一片地落在黑褐色的树枝上，落在荒芜的土地上，落在浑浊的水坑里。

雪，越下越大，越下越大。终于，鹅毛般的大雪从无穷无尽的乌云背后坠落下来，掩盖了树枝，也掩盖了大地。

寒冷的气温使河流结冰了。伏尔霍夫河、斯维尔河和涅瓦河，都先后封冻起来；芬兰湾也冻住了。不能再行船了。

雪后的飞行

11 月的最后几天，下了一场大雪。尽管后来天气转暖了，地上的积雪还是没能融化。

早晨，我像往常那样出去散步。转了一圈，我发现，无论是灌木丛里，还是路上的积雪上，都飞着一堆黑色的小蚊虫。"嗡嗡嗡……"声音很小。它们只在半空中转了一小会儿，就重重地摔到雪上。

午后，太阳出来了一阵。树梢上的雪开始慢慢地融化。"砰"的一声，有的滑落到地上。这时，要是你走在树林里，只要一抬头，就会有冰凉的雪水，从枝头滴进你的眼睛里；或者是一阵清扬的雪尘，随风洒落在脸上，凉凉的。

在雪地上，许多不知从哪里冒出来的黑色的小苍蝇，热热闹闹地挤在一起。

即使是在夏天，我也从未见过这些小虫子。

傍晚，气温又重新降了下来，这些小家伙们都不见了踪迹。

不知道躲到哪里去了。

■森林通讯员 维利卡

貂与松鼠的追逐

北方的森林里松果不够多，于是，那里的松鼠就转移到我们这儿的森林里来了。

它们零星地分散在松树上。有的在枝上摘松果，有的坐在树枝上吃松果。它们用后爪牢牢地抓住树枝，然后用前爪捧着松果，仔细地用牙啃着。

忽然，一颗松果从松鼠的爪子里滑了出去，直直地掉到树下去了。那只松鼠急匆匆地沿着树干往下爬，在地上飞快地追赶着向前滚动的松果。它可舍不得放弃到嘴边的美食。

松果后来滚进了一个枯枝堆里。松鼠起先想钻进去捡，可是它看见杂乱的枯枝里面，一双闪烁着精光的眼睛正恶狠狠地盯着自己。意识到危险的它，果断舍弃松果，赶紧转身爬上了跟前的一棵树。

一只淡褐色的貂，从枯枝堆跳了出来，也爬上了树，跟在松鼠的身后，紧追不舍。

害怕的松鼠，头也不敢回，埋头往前跑。在树枝梢上，它纵身一跃，跳到了旁边的另一棵树上。

貂呢，把细长的脊背弯成拱形，蓄力往前一跳，也跳上了那棵树。松鼠的身子是很灵活，不过，貂的灵活性也不能小觑。

松鼠爬到了树顶，前面没路了。附近也没有其他的树。而貂在身后虎视眈眈。

没办法，松鼠只好往回走，从这根树枝跳上那根树枝，接着往树下跳。反应迅速的貂急忙调转方向，依然穷追不舍。

跳呀跳，已经是最后一根树枝了。下面是地面，后面是凶残的貂，怎么办？

来不及细想，松鼠一跳跳到了地上，以最快的速度赶紧往附近的树上跑。

可惜，在地上，松鼠可不是貂的对手。只见貂落地后，三步两步就追上了松鼠，用前爪把它按在了地上……

灰兔的诡计

昨晚，一只灰兔偷偷潜进果园，啃食苹果树的树皮。雪落在头上，它也丝毫不在乎，只顾着啃着眼前的树皮。到了清晨，公鸡的打鸣和狗吠声，催促它赶紧离开。不得已，灰兔只好趁人们发现之前离开。

可是，地面上积了一层雪，白茫茫的。要是自己躲在附近的灌木丛里，身上棕红色的茸毛肯定一眼就会被发现。要是自己贸然跑回去，会在雪地上留下一连串清晰的脚印，行踪暴露无遗，猎人循着脚印就能轻易地找到自己。怎么脱身呢？脚印？有了！

早上，果园的主人发现被灰兔啃坏的两棵苹果树，非常生气。他回家拿了猎枪，装上子弹，打算好好地教训它一顿。不出所料，他果然循着灰兔在雪地上留下的脚印，一路往前走。

跳过篱笆，穿过田野，果园主人跟着脚印来到了森林里。兔子的脚印，在灌木丛周围绕了一圈。原来灰兔绕着灌木跑了一圈，又横穿过自己的脚印，继续往前跑。喏，那里还有一个。这点小伎俩，可骗不倒他。

绕开两个圈套，果园主人继续往前走。怎么回事，脚印居然断了？周围的雪地光溜溜的，一个兔子的脚印都没有。

他蹲下身来，仔细地查看脚印。这是兔子留下的双重脚印，每一步都准确地踩在原来的脚印上，然后它沿着自己的脚印回去了。看穿了诡计的果园主人，顺着脚印往回走，结果回到了田野里。咦，难道还有一个诡计没有看破？

他折回去查看双重脚印。哈哈，原来，双重的脚印在某一处中断了，再往前，雪地上的脚印是单层的。狡猾的兔子，就是在这儿跳到那边去的。

事实上，确实如此。顺着脚印的方向，灰兔一直绕过灌木，然后向一旁跳了过去。

现在，脚印又均匀起来。突然，脚印又中断了，又出现一行双重脚印。再往前，又是单层的。

几次下来，果园主人掌握了破解兔子诡计的方法，一路上细心地观察脚印。在这里，兔子又往旁边跳了一次。再往前，没有脚印了。哈哈，这一回兔子跑不掉了，它肯定躲在脚边这个灌木丛里。

真的，兔子的确在这附近。不过，不是在灌木丛里，而是在一堆枯枝下。

睡梦中的灰兔，隐约听到雪地上沙沙的脚步声越来越近。它赶紧醒来，抬头一看，差点吓得魂飞魄散：两只穿靴子的脚就在不远处走来走去，旁边还有一支黑色的枪杆。它悄悄地从隐藏的地方钻了出来，然后趁人不注意的时候，像箭一样蹿到后面的密林里去了。

果园主人被眼前蹿出来的一团东西吓了一跳。只见一团毛茸茸的东西，在灌木丛里一闪，就没影了。之后，他才回过味来，不过为时已晚。他只好空着双手悻悻地回家去了。

不速之客

这儿的森林里，近日来了一位不速之客。

不过，不容易见到这位客人。在漆黑的夜晚，伸手不见五指。在明亮的白天，又不能轻易地将它与白雪区分开来。没错，它就是来自北极的雪鸮。它的羽毛是白色的，跟那边的冰天雪地是一个颜色。

它的大小，跟猫头鹰差不多。不过，不像猫头鹰那样威猛有力。除了老鼠、兔子外，它还以飞鸟、松鼠为食。

在北极的苔原地带，寒冷要么将动物们赶进地洞，要么赶到温暖的地方去。雪鸮没有了足够的食物，就到我们这儿来了。它打算待到明年春天再走。

啄木鸟的办法

在我家菜园后面，有许多白杨树和白桦树，还有一棵古老的云杉。现在，云杉树上结了很多球果，一个个像小电灯泡似的挂在树上。

一只腹部红色、翅膀上有白斑的啄木鸟飞来吃这些球果。

它先用嘴把球果采下，然后塞到树干上的一条树缝里，再用长嘴啄球果。远远地看，还以为它是在啄树。等它把球果的硬壳啄破，就能吃到里面的种子了。当它吃完了这一个，就把球果往下一扔，再去采第二个球果。第二个球果还是塞在树缝里，用嘴啄开。第三个、第四个……也是一样的办法。它就这样一直忙到天黑，才飞回树林里。

第二天一早，它又来了。

直到最后，云杉树上的球果都被它吃光了。

■森林通讯员 勒·库波列尔

熊的智慧

为了躲避寒风的侵袭，熊会在低处安置自己的洞穴，比如茂密的云杉树林，或者山脚的山洞里，甚至在沼泽边。不过，如果冬天不是很冷，积雪经常融化，那么，熊的洞穴就会在高高的小丘或山冈上。

这很容易理解。如果熊洞在低处，那么融化的雪水就很容易流进洞里，流到熊的肚皮下面，把原本干燥的洞变成泽国。然后天气再一变冷，雪水就结成了冰，泽国变成冰窖，可不就把熊给冻坏了吗？

那时，它就顾不得睡觉了，得赶紧在森林里跑来跑去，多多活动，用活动产生的热量驱除身上的寒意。

可是，这样的话，身体里的能量就会很快消耗，不得不通过吃东西来补充能量。但在冬天，森林里没有充足的食物，有时甚至连一丁点儿食物也没有。

因此，要是冬天比较暖和，熊就会把洞穴安置在高处，避免融化后雪水的流入。

换句话说，熊能预见这年的冬天是暖和的，还是寒冷的，然后具体安排把洞穴建在哪里。

可是，让人疑惑的是，熊是依据什么来预见的呢？为什么早在秋天，它就能十分准确地预见呢？

农庄生活
冬天更近了

现在，冬天的脚步越来越近了。

田野里的农活，已经全部结束了。空空的地里，再也没有之前那些个忙碌的身影。

妇女们在牛栏里挤奶、照顾牛犊，男人们则来回运送饲料给牲畜吃。

孩子们上学去了。在周末，白天，他们在雪地里设下捕鸟的罩子，在小山坡上滑雪，或者玩狗拉雪橇；晚上，他们在房间里复习功课、完成作业，或是靠在温暖的炉火边听祖母讲故事。

田野里的东西日益减少，灰山鹑们越来越靠近农舍了。

魔高一丈

前几日，这里下了场大雪。

雪后，我们在苗圃里检查时发现，狡猾的老鼠居然在雪下挖了一条地道，直通小树的树根前。这些小偷，肯定是想打树根的主意。

可是，道高一尺，魔高一丈。我们想出了应对它们的良方：把每一棵小树周围的雪地，都踩得严严实实的。这样，老鼠就没有办法再挖地道，钻到树根这儿来了。

有的老鼠还钻到积雪外面来了。不过，不用担心，它的下场只有一个——活活冻死。

果园里，兔子经常半夜潜进去，啃食苹果树的树皮，毁掉一棵又一棵的苹果树。

我们也想出了良方：在苹果树干上用云杉树枝和稻草包扎起来。如此一来，苹果树的树干，就像云杉树干一样戳嘴，夜里要是兔子再来，就会乖乖地知难而退了。

■吉玛·布罗多夫

苹果树上的房子

有一种房子，墙壁差不多只有一张纸的厚度，通过一根细丝吊在树上，里面没有任何防寒保暖的设备。并且，只要风一吹，它就像荡秋千那样，随风左右摇晃。在这样的房子里，可以过冬吗？

你肯定会说，连基本的安全与温暖都不能保障，怎么可能过冬嘛。出乎意料的是，真的有动物选择在这样的条件下过冬。

在果园里，我们看到许多这样简陋的房子。它们是用枯叶做成的，被一根根几乎透明的细丝，一间一间地吊在苹果树上。

果园的维护人员，一看到它们，就毫不含糊地把它们取下来，用火烧掉。

他们告诉我们，住在这种房子里的住户，是苹果粉蝶的幼虫。而苹果粉蝶，是苹果树的害虫。如果放任幼虫不管，到了来年春天，它们长成成虫，会破坏苹果树的芽和花，妨碍苹果树的正常生长、开花、结果。因此，这些家伙和这样的房子可留不得。

移到温室里去

在农庄的菜窖里，大家正在挑选小葱和小芹菜根。

待在一旁的小孙女，问爷爷："爷爷，这些是要给牲畜当饲料吗？"

"不是的，我可爱的孙女，"工作队长慈祥地说，"我们是要把这些小葱和小芹菜移栽到温室里。"

"为什么要栽在温室里？是为了让它们更好地长大吗？"

"不是的。把它们移栽在温室里，就能经常给我们提供新鲜的葱和芹菜。你冬天最爱吃的马铃薯，不是会在上面撒上葱花吗？就是用那温室里的葱做的。还可以把芹菜做成美味的汤喝。"

树莓的棉被

上周日，九年级学生米克来到我们的农庄。

他在树莓地边碰见了费多谢奇，我们的工作队长。

"您好，老爷爷！您的树莓在冬天不怕被冻坏吗？"米克冒充内行地问道。

"恰恰相反，我的小朋友，"费多谢奇一边摸着下巴上的胡子，一边回答，"它们可以在雪下安然无恙地度过冬天。"

米克一脸的不相信："在雪下？怎么可能？这些树莓可比我还要高，难道老天会下这么厚的雪吗？"

老爷爷继续耐心地解释："我说的是一般的雪。聪明的小伙子，告诉我，你冬天睡觉盖的被子，比你的身高还要厚吗？"

"老爷爷，你脑子没坏掉吧。睡觉的时候，我当然是躺着盖被子的呀，躺着盖的！跟身高有什么关系？"米克满眼的鄙夷。

"这不就对了。这些树莓也是躺着盖被子的。不过，你是自己躺到床上去的，而树莓，是由我来帮助它们的。把它们一棵棵弯在一起，用稻草绑起来，就能让它们平整地躺在地上。"

"原来如此！老爷爷，你比我想象中的要聪明！"米克由衷地赞叹道。

费多谢奇回答："可惜呀，我年轻的朋友，你没有我想象中的那么聪明。"

■尼·巴甫洛娃

小帮手

现在，每天在农庄的谷仓里，都可以碰到孩子们。他们在积极地帮助大人们干活儿。有的负责挑选明年春播的作物种子，有的蹲在地窖里，选取品相良好的马铃薯留种。

男孩子们，在马厩里帮忙喂马、给马刷毛、清理马厩，或者在铁工厂里，东奔西跑运送材料，有的还帮忙打铁。

许多年纪稍小的孩子，在牛栏、猪圈、养兔场和家禽棚里，充当小小后援团，与大人一起照看农场的牲畜。

我们平时在学校里认真学习知识，同时在课余，我们也有时间和精力担任农场的小帮手，协助农场的工作。这是我们每一个人的责任。

■大队委员会主席 尼古拉·李华诺夫

城市之声
冰河上的乌鸦和寒鸦

涅瓦河结冰了。

每天下午 4 点左右，在斯密特中尉桥下游的冰上，都会聚集着一批乌鸦和寒鸦。它们在冰上哇哇乱叫，好像打架似的，大老远就能听到它们的声音。有的在冰上走来走去，有的展开翅膀相互拍打，有的执着地用嘴啄冰，似乎要突破冰层的防护去捉河里的鱼。

一阵嘈杂的喧闹之后，它们一群一群地回到华西岛上，去那儿的花园里过夜。每一种鸟都有各自中意的花园。

树木侦查员

在果园和墓地里，生长着一大片灌木和乔木。平日里有园丁负责照顾它们。但是，到了秋天，有一些狡猾的害虫躲在树干和树枝里，光凭人眼无法看到它们，也没有办法把它们消灭。于是，园丁们特意请了一批树木侦查员来帮忙。

侦查员的队长，是头戴小红帽的啄木鸟。它的嘴既坚硬又锋利，可以啄开树皮，用舌头钩出藏在里面的蛀虫。"快克！快克！"是它标志性的声音。

紧随其后的是许多不同种类的山雀。凤头山雀的头上，戴着一顶又高又大的帽子。胖山雀的帽子上，好像插了根针一样。莫斯科山雀身上长着浅蓝色的羽毛。旋木雀穿着褐、白、棕、黑相间的大衣，嘴细细的、弯弯的，如同锥子一般。还有身穿蓝灰色制服的鸭，它的胸脯是白色的，嘴短而尖，像一柄短剑。

啄木鸟队长一声令下："快客！"鸭赶紧应声："特乌急！"山雀们一个个报到："趣克！趣克！趣克！"之后，整个队伍就井然有序地开始干活。

它们很快占据了树干和树枝。

啄木鸟将自己的身子紧贴在树干上，用坚硬的嘴啄着树皮，再用舌头从里面钩出虫子。

鸭头朝下地倒挂着，绕着树干转来转去，只要发现树皮缝里藏着昆虫或幼虫，就把那锋利的"短剑"刺进去。

旋木雀也在树干上寻找着害虫，用它那小"锥子"轻巧而有力地戳着树干。

青山雀们兴奋地在树枝上直兜圈子。捉虫，是它们最喜欢的活动。它们认真而仔细地检查每一个小洞和每一条小隙缝。没有一条害虫能逃过它们的火眼金睛和天罗地网。

陷阱小屋

冬天临近了，鸣禽的好日子到了头，挨饿受冻的日子就要开始了。

如果你家有花园或者院子，这些拥有美妙歌喉的鸟儿自然会飞到你的身边。要是你想把它们长久地留在自己家里，只需要建造一间适合鸟儿居住的小房子就行。

诱人的食物和温暖的住宅，这是冬天捉鸟的关键。

先用木板做成小屋，架在树枝上。注意把门做成可活动的。然后在小房子的露台上面，放上大麦、小米、面包屑、碎肉、奶酪、瓜子等。最后，静静地等待。即使你住在繁华的大城市里，在你做完这些之后，也会有好奇的小客人，跑到你的小房子里的。

如果你能成功引诱一两只鸟儿，住到你准备的房子里去，那么你就会有机会捉住它们。

还可以用一根长绳，或者细铁丝，一头拴在小房子的活动门上，一头握在你的手里。在适当的时机，一拉绳子，就能把那扇小门关上。这样鸟儿就落进你的陷阱里，插翅难飞了。

不过，在夏天可不能捉鸟。要是你把大鸟给抓走了，小雏鸟会活活饿死的。

冬

NO.10 银径初现月

（冬季第一月）

12月21日—1月20日太阳进入摩羯宫

太阳的诗篇——十二月

12月，是一年的结束，却是冬季的开始。

12月的基本色调是白色。天空是灰白色的，大地是雪白色的。朔风凛冽，大雪纷飞，天寒地冻，粉妆玉砌。

汹涌的河水，被封冻在冰层之下。白雪把大地和森林都掩埋了起来。太阳越来越多地躲在乌云后面。白昼越来越短，黑夜越来越长。

在过去的一年中，一年生的植物，按期生长、开花、结果、凋萎，现在它们重新融入泥土之中，化作春泥更护花。那些只有一年寿命的无脊椎小动物们，也走完了它们的一生，现在化为了灰烬。不过，它们留下了种子和卵。在来年春天，这些种子和卵将被阳光唤醒，重新成长为崭新的生命体。

至于多年生的动植物，它们各有办法在寒冬中保护自己，平安地熬过漫长的冬天，直到春天来临。

12 月 23 日，冬至。这天是一年中白昼时间最短、黑夜时间最长的日子。这天之后，春分之前，白昼会逐渐变长，而黑夜逐渐变短。

等到温暖的太阳重新回到人间时，春天就到了，所有的生命都将复苏。

在那之前，得熬过这严寒的冬季。

冬之书

雪后，铺着一层白雪的田野里和林中空地，像一本摊开的大书，书页上平整、光滑，没有一个字。要是谁从这走过，就会在上面留下它的专属符号。

昨天晚上，纷纷扬扬地下了一场雪。

今天早晨，洁白的书页上，印着各种各样的符号。这些符号很神秘，有条状的，有点状的，还有几何图形的，一点儿也不像我们平时见到和书写的文字。这是林中居民使用的文字。书页上留着这些符号，表明在夜间和凌晨，它们中的许多曾从这里经过。

哪些动物到过这里？它们在这干了什么事？都可以从这些神秘的符号里解读出来。

不过，得抓紧时间解读才行。要不然，再下一场雪，这些文字就会被遮盖，重新变回一张空白的书页。

各种读法

在书页上，每一种动物都用自己独特的符号，在上面签字留名。

人是用眼睛来分辨这些符号的。那么，动物呢？

有的动物是靠鼻子来分辨的。比如狗，它拥有敏锐的嗅觉系统。只要把鼻子贴着地面上的文字嗅一嗅，它就能读出"这里曾经跑过一只兔子"或者"狐狸来过"之类的意思。

一般的野兽，都会在视觉之外，结合嗅觉。而且，它们用鼻子辨认的结果绝对不会读错。

用什么写字

动物当然不会像我们一样，拿着笔写字。它们有它们的工具。

大部分走兽，都用脚写字。有时，它们的尾巴、肚皮、鼻子什么的，也会被用来当作书写工具。

鸟类一般也是用脚写字。还有的，会用尾巴、翅膀、嘴等写字。

动物们的正体字

要想掌握辨认冬之书上的符号这项技能，可不简单。因为动物们的签名，并不好认。有的是老老实实的正体字，这倒稍微好认些。麻烦的是那些花体字。

灰鼠的字很容易辨认。它的字，是在雪地上跳着写的。它的前腿很短，而后腿很长。在跳的时候，前腿支撑在地上，后腿向前伸着，离得很开。所以，灰鼠的前脚印小小的，后脚印很长，呈倒八字。整个脚印看上去，很像两只小手掌上伸着小指头。

超级大国鼠的字，虽然很小，但也很好认。它从地洞里爬出地面的时候，喜欢先绕个圈子，然后再奔向它要去的地方。于是，在雪地上就留下一长串冒号，而且，冒号之间的间隔是等长的。

鸟类的脚印最容易辨认。以喜鹊为例，三个向前伸着的脚趾，在雪地上留下小小的十字图案，而向后伸着的第四个脚趾，只留下一个短短的破折号。在小十字的两旁，像手指头一样的符号，是翅膀扑打时留下的。有时，它那参差不齐的长尾巴从雪上扫过，也会留下一些痕迹。

以上说的，都是规规矩矩的正体字，一眼就可以看出来。这儿有一只灰鼠从地下钻出来，在外面跑了一阵，又回到地洞里去了。那儿曾经来过一只喜鹊，在积雪上走了几步，之后扑扇着翅膀飞走了。

但是，狐狸和狼的笔迹，耍了花招。乍看之下，肯定会被迷惑的。

狐狸与狼的脚印

狐狸的脚印，很像小狗的脚印，小小的、团形的。区别在于，狗的脚趾是张开的，而狐狸的几个脚趾并得很拢，缩成一团。而且，狗的脚印要浅一些。

再来看狼。粗看狼的脚印，还以为是大狗的脚印。两者是很接近，但也有区别。

其一，狼的脚掌两边向中心缩拢，因此，它的脚印更长一些。

其二，与狗相比，狼脚上的几块肉疙瘩，留下的印迹更深一点。

其三，前爪印与后爪印之间的距离，狼的脚印更大。狼的前爪印，往往并合在一起。

其四，仔细观察狗的脚印，会发现，它脚趾上的肉疙瘩相互紧密地连在一起，而狼的肉疙瘩彼此分离。

狼会故意把自己的脚印弄乱，所以它的脚印特别难以辨认。狐狸也是一样。

狼的计谋

当狼正常步行，或者一路小跑时，它的后脚，总是踩在前脚的脚印里。所以，狼留在雪地上的脚印，总是一条长长的直线。好像它是在沿着无形的绳子行走似的。

当你看到这样一行脚印时，肯定会以为曾经有一匹狼从这里走过。

事实上，这串脚印也可能是五匹狼留下的。在前头的是母狼，后面跟着公狼，最后面是三头小狼。在行走过程中，后面的狼，总是把脚准确地踩在前面狼的脚印上。这样就会误导其他的动物和人们。

因此，一定要好好训练自己的眼睛，才能在追踪兽迹时避免被误导。

树木的防寒妙策

在冬天，如果天气特别冷，雪又下得少，不少树木就会被冻死，尤其是孱弱的小树。幸亏树木都有一整套防寒妙策，用来抵御寒气的侵入。

一切生命活动，比如吸收营养、生长发育和开花结果，都需要消耗大量的能与热。到了冬天，树木就停止生命活动，不再生长发育，转而进入深沉的睡眠。在睡眠期间，它们利用夏天积蓄的能与热，维持自身的生命。

枯黄的叶片，仅有呼吸作用，不但不能积累能量，反而会呼出大量的热。所以，落叶乔木在入冬前舍弃了所有的树叶。这样，就能把热量保存在体内。况且，落叶在泥土里腐烂会发热，像暖和的毛毯盖在脚边，保护树根不被冻坏。

每一棵树，还都包裹着一身坚硬的盔甲。那是树皮下的木栓组织，既不透水，也不透气。空气停留在气孔中，整个木栓组织就相当于一层保护罩，不让内部的热量向外散发。除了树木本身的厚度因素之外，木栓层的厚度，随着树年龄的增长而变厚，因此，老树、粗树的抗寒能力更强。

要是严寒穿过这层木栓盔甲，树木内部构建的一道化学防线将派上用场。秋天，树液里积蓄起各种盐类和变成糖的淀粉。这些物质能顽强地阻止寒气的深入。

话说回来，最好的防寒设备，还是厚厚的积雪。入冬前，园丁们会把怕冷的果树，比如树莓，弯到地上，降低它们的高度。下雪后，积雪就会把它们埋起来。这样，果树就暖和多了。以此类推，在多雪的冬天，白雪如同厚厚的被子覆盖着整片森林，起到隔热保温的作用。不管天气有多冷，树木都不会被冻坏。

以上，就是树木的防寒妙策。

雪下的惊喜

正月的牧场上，白茫茫的一片。除了积雪，什么也没有。没有五颜六色的鲜花，也没有鲜嫩碧绿的青草。一切都是白色的，单调而无趣。或许你会因此怀念春天、夏天，还有秋天。

趁着晴朗而暖和的天气，我动手清理小牧场上的积雪。

等我把积雪清理完，满场的花草骤然呈现在我的眼前。

那一簇簇的绿叶，紧紧地贴在地面上。那倒伏着的草茎，还是绿色的。从几乎腐烂殆尽的草皮下面，更是钻出了许多小小的尖叶。

最让人惊喜的是一株毛茛。我曾在去年秋天见过它，那时它正在开花。如今即使在雪下，它依旧保存着花朵和蓓蕾，连花瓣都没有散落！真的是出乎我的意料！它在顽强地延续着生命，等候春天的到来。

我这块小牧场上，一共有62种形形色色的植物。其中有36种，现在还是绿色的，更有5种是开着花的。你是不是与我一样感到很惊奇呢？

谁说正月的大地上没有花、没有草？其实，它们都默默地藏在雪下。

大自然总是这么匠心独具，让人钦佩。

■尼·巴甫洛娃

林中趣事记

以下这几件林中大事，都是森林通讯员从雪地上野兽的足迹里解读出来的。

鲁莽的小狐狸

在林中空地上，一只觅食的狐狸看见几行老鼠留下的脚印。烦闷的心情一下子舒朗起来："哈哈，这回可有东西吃了。"

也没用鼻子再确认一次，小狐狸就急匆匆地顺着脚印往前走，一直走到了灌木丛边。

它踮起脚尖，悄悄地靠近灌木丛。越过灌木丛，前面有一团灰色的东西蹲在雪地上，还有一条小尾巴。没错，就是这个！

小狐狸猛地扑上去，用爪子一把按住那团东西，张嘴就是嘎吱一口。

呸！呸！什么玩意这么臭？恶心死了！狐狸赶紧把小东西吐出来，跑到一边用雪漱口。过了好长一阵，它才回头看自己抓到的猎物。只一眼，小狐狸就后悔得拍自己的脑袋。

原来，这不是老鼠，而是远看跟老鼠很像的鼩鼱。

与老鼠相比，鼩鼱的鼻子长长的，而且像猪鼻那样，向前突出。它与田鼠是近亲，以昆虫为食物。它身上有臭腺，会散发出一股刺鼻的气味。所以，凡是有经验的猎手，都不会轻易去碰它。

也只有这做事鲁莽的小狐狸，才会稀里糊涂地去捉它。这下倒好，早饭没吃成，反而白白咬死了一只动物。

可怕的脚印

在树丛下的雪地上，有一种让人看了害怕的脚印。脚印的大小，跟狐狸的差不多。可是爪印又长又直，好像锋利得很。要是不小心被这样的爪子抓到，保准血肉模糊、惨不忍睹。

沿着脚印，小心翼翼地往前走，来到了一个洞前。洞口散落着一些细毛。这些细毛直直的，坚硬而有弹性。有的根部是白色的，而尖部是黑色的。很像用来制作毛笔所使用的那种兽毛。

谜底终于解开：这是獾的脚印。它虽然性格阴沉孤僻，不过倒也没有之前想象中的那么可怕。它大概是出来散散步，晒晒太阳的吧。

雪下的鸟群

在沼泽地上，一只兔子经过这里。它轻巧地从这个草墩，跳到那个草墩，又从那个草墩，跳上另一个草墩。突然，"扑通"一声，它不小心踩空，掉进了雪里。深深的积雪，把它的耳朵都淹没了。

躺在雪里的它，感觉身边有什么东西在动。就在它迟疑的刹那，一群雷鸟从它身边的雪底下冲了出来，一个个啪啪地扑打着翅膀。可把兔子吓坏了。惊魂不定的它赶紧爬起身来，一路逃窜，飞也似的逃进了森林。

原来，一群习惯在冰雪中生活的雷鸟，把家安在沼泽地里的雪下。它们白天活动。从雪做的洞穴里飞出来，在沼泽附近到处觅食，或者从雪地挖被埋在里面的蔓越橘吃。酒足饭饱之后，又钻回到雪穴里去休息。

居然把家安在雪下面，真是奇特。没有人能发现它们。那里既安全，又暖和。

雪里的爆炸

眼前的这片林中空地上，印着许多脚印，里面记载着一个不同寻常的故事。可是我们的通讯员，怎么也猜不透这里面发生了什么事。

起先，雪上是一行又小又窄的兽蹄印。一只母鹿从这里经过。它正在安稳地散步，丝毫没有意识到身边危险的降临。

接着，在母鹿脚印旁边，出现了很多大爪印。狼从密林里无意间发现了它，悄悄地靠近。母鹿察觉到狼的异样，于是它的脚印开始凌乱。狼发起攻势，瞬间向母鹿身上扑过去。幸亏母鹿反应敏捷，飞快地从狼身边逃走。

继续往前看，两种脚印越来越近，越来越近。狼快要追上母鹿了。

在一棵倒在地上的大树旁边，两种脚印完全掺合在一起。看来，母鹿在关键时刻纵身跃过树干，狼紧跟其后。

在树干的另一边，有个深坑。坑里有许多积雪，像是被炸弹袭击过那样向四面八方飞溅，乱七八糟的。

可是就从这个地方开始，母鹿脚印与狼脚印莫名其妙地分道扬镳了。雪上不知从哪里多出了一种大脚印，形状很像人光着脚的脚印，但上面带着非常吓人、弯弯的爪子留下的痕迹。

究竟是一颗什么样的炸弹被埋在雪里？它为什么会爆炸呢？这多出来的新脚印又是谁的？狼为什么不继续追母鹿了？这里面到底发生了什么事？

通讯员苦思冥想，绞尽脑汁，反复思考这些问题。

后来，他们终于弄明白了：关键就在于这些新脚印。

凭借着敏捷的身手和矫健的长腿，母鹿轻松地跃过地上的树干，并快速地向前飞奔。而狼就没那么幸运了，它的身子太重，跳不了那么远，反而在树干上滑了一跤，"扑通"一声，重重地摔在雪里。恰巧，树干下面有个熊洞。倒霉的狼就四脚朝天地整个摔进了熊洞。

正睡得香甜的熊，起先被巨大的声响惊醒，接着被从天而降的庞然大物吓了一跳。它误以为是猎人来了，就赶紧从洞里蹿了起来，拼命地往树林深处逃去。在熊蹿出来的那一瞬间，熊洞周围的雪啊、冰呀什么的，在冲力的作用下，向四周一阵乱射，就如同被炸弹炸了一样。

狼被摔得晕头转向的，在洞里又看见一个身躯庞大的家伙，心里害怕极了，赶紧撒腿跑路，哪还记得母鹿的事。

此时，母鹿早就跑得不知所踪了！

雪海

初冬，气温还不太冷，雪也不是很多。可对田野和森林里的小野兽来说，这是它们最倒霉的时候。地面上光秃秃的，没有青草和鲜花。冻土越来越厚，地洞里越来越冷。冻土硬得像石头一样，即使鼹鼠用锋利有力的脚爪也挖不开。老鼠、田鼠、白鼬和伶鼬，也是同样的境况。

终于迎来大雪纷飞的时节。地上的积雪越来越厚，也不能及时消融。于是，整个大地变成了一片白色的雪海。雪海很深，能没到人的膝盖。榛鸡啊，松鸡啊，黑琴鸡啊，都整个被淹没在里面。

田鼠和鼩鼱，以及其他穴居小兽，都钻出洞来，像鱼儿一样在雪海里钻来钻去。伶鼬也肆意地在这片白色的海洋里跑来跑去，神出鬼没的。有时，它会钻到海面上瞭望，看看四周有没有榛鸡的身影，之后又扎回海里，或者悄悄地钻到鸟儿的跟前去，吓它们一跳。

与海面上相比，雪海下面要暖和得多。这里没有刺骨的寒风，也没有冰冷的寒气。这层干燥松软的海洋，把严寒阻挡在外面，把温暖留在里面。许多聪明的老鼠，就直接把自己过冬的窝，建在覆盖着温暖雪海的地上。

更有稀奇事。在一棵盖着雪的灌木丛里，一对短尾巴田鼠夫妇，用细草茎和柔软的毛发，精心织了一个小小的窝，架在枝杈上面。窝里面，躺着几只刚出世不久的小田鼠。它们身上光溜溜的，没有一根毛，眼睛也还是闭着的。要知道，这会儿的气温已经降到零下 20 摄氏度了呢。

冬季的中午

正月的一个中午，灿烂的阳光洒在白雪掩盖的树林里。万籁俱静。熊正在洞里美美地打呼噜。洞上面，是被积雪压弯了的乔木和灌木。在这些乔木和灌木中间，晶莹的雪花，闪烁着钻石的光彩。

一只长着尖尖小嘴的鸟儿，一下子从雪地里跳了出来，扑着翅膀，纵身飞上了云杉树顶。阳光是聚光灯，树顶是舞台，娇小的歌手一边有节奏地翘着尾巴，一边张开婉转的歌喉。清脆有如天籁的歌声响彻了整个树林。

在有着白雪拱门的洞穴里，一只睡眼惺忪的眼睛出现在窗口。这是熊的眼睛。它在睡梦中模模糊糊地听见了鸟儿的歌声，于是睁开眼睛，看看是不是春天提前到来了。

它住宅的墙上总是有一扇小窗。通过这扇窗户，熊能及时地了解森林里发生的事情。外面还是白色的冰雪世界。打个哈欠，它继续躺回自己舒适的床上去了。

小歌手从树顶飞到盖着雪的树枝，又在树枝上跳了一阵，然后回到树根下面去了。在那里，有一个用苔藓、草茎和茸毛做成的温暖的窝。

农庄生活
冬天的伐木

在寒冷的季节里，树木都陷入了深沉的睡眠之中。躯干里的树液冻结了，不再流动。它们静候着春天的到来。

然而，有些树木却永远也等不到春天了。伐木锯的声音，在森林里轰轰地响个不停。从深秋开始，伐木工人们就进山采伐木材。在他们眼中，冬天的木材是最好的，既干燥，又结实。他们不知道，自己的双手毁掉了多少个充满绿色的梦。

为了能轻松地搬运木材，他们在积雪上浇上水，冻成冰之后，就变成了光滑而畅通的冰路。这样，木材就会像在溜冰场上溜冰那样，一路滑到河边。等到春天，解冻了的流水会把木材运出去。

灰山鹑的过冬

农庄里，庄员们有的在仓库里选种，有的在温室和田野里查看庄稼苗。他们都在准备着春天的工作。

灰山鹑现在把窝安在了打谷场附近，那里散落着去年秋天的谷粒。它们还经常大摇大摆地飞到村子里来。

不过，在雪地里寻找到食物可不简单。一方面，积雪那么深，很不容易扒开。另一方面，即使扒开了雪，地上还有一层坚硬的冻土，要想用嘴啄破、用脚扒开冰壳，更是难上加难。所以，山鹑面临着饥饿的威胁。

在冬天，轻而易举就能捉到山鹑。但法律禁止人们这么做，因为这时的山鹑毫无抵抗能力。具有长远眼光的猎人，会在田野里用云杉树枝搭起一个个小棚子，在下面撒上燕麦和大麦，慷慨地请山鹑吃免费餐。如此一来，山鹑就不会在冬天饿死。

来年夏天，每一对山鹑的窝里，都能孵化出至少 20 只以上的小山鹑。到了秋天，付出麦粒的猎人就能收获不少肥壮的猎物。

耕雪

昨天，我去隔壁镇上的农庄看望老朋友米沙。他是那儿的拖拉机手。

他不在家。他的妻子热情地招待了我。

当我问起米沙去哪儿了时，爱开玩笑的她笑着跟我说："他呀，去耕地啦！"

听完这话，我心里直嘀咕："这个家伙，爱开玩笑的性格还是老样子。不过这玩笑太蠢了。大冬天的，田野里到处都是厚厚的积雪，怎么耕地呢？连小孩童都知道是不可能的。"

于是，我也打趣地说："他是在耕雪吗？"

"不耕雪，能耕什么呢？"米沙的妻子听出了我话语里的质疑，接着说，"你要不去田野里看看吧。他这会儿应该还在那儿。"

我的确是在田野里找到他的，不管你信不信。他在雪上开着拖拉机，后面拖着一只长长的木箱。木箱把积雪拖在一起，堆成一道道结实的白色高墙。

"米沙，这些高墙是做什么用的？"我疑惑不解地问。

米沙停下拖拉机，解释说："这是挡雪用的雪墙。它可以阻止风吹走田里的雪。你知道的，要是没有雪，秋播的作物就都会在严寒中冻死的。所以，我在用我的特制耕雪机耕雪呢。"

冬季作息表

与人一样，农庄里的牲畜，也有作息时间表。每个季节，作息时间表是不同的。现在，它们按着冬季作息时间表生活，每天都在固定的时间吃饭、睡觉、散步，极其规律。

可爱的 4 岁小女孩玛莎，靠在我耳朵边，悄悄地跟我说："告诉你一个秘密哦。我发现，我们的马儿和牛儿，跟我一样，也上幼儿园了。当我和小朋友们一起去散步的时候，它们也在附近散步。当我们回家的时候，它们也回到了牲畜栏里面。不知道它们是不是也得学好多好多新的知识呢？"

绿色的带子

在铁路两边，有一条绵延了几百千米的绿色带子。那是一排排健壮俊秀的云杉树，严严实实地站着。它们像士兵一样保护着铁路，用身躯阻挡横行霸道的风雪，用手臂遮挡铁轨，不让它掩埋在深雪之中。

每年的春天，铁路职工和志愿者们都会种下数不清的小树，让这条绿色的带子变得更长、更宽。光是今年，就栽了大概10万棵云杉、洋槐和白杨，还有将近3000棵的各种果树。在不久的将来，这条绿色的带子将随着铁路线遍布我们国家所有的国土。

■尼·巴甫洛娃

城市之声
雪上的赤脚大仙

太阳从云层里探出头来，暖和的阳光又照射在大地上。气温回升到了零摄氏度。积雪开始一点点融化。在公园里、行道树下、院子中，许多小虫子陆续从雪底下爬出来。那是没有翅膀的小苍蝇。

它们在雪上爬了整整一天。没有人知道它们在干什么，也不知道它们要干什么。

到了黄昏，气温重新降到零度以下，融化的雪水被冻成冰。这些小苍蝇都藏进雪里去了。它们躲在僻静而温暖的角落里，或是在落叶堆里，或是在苔藓下面。在那里，没有人会打扰它们。

这些小虫子从雪上爬过，却没有留下任何脚印。它们的身子很轻很轻，几乎没什么重量。而且，只有在高倍放大镜的镜头下，才能看清它们那小小的身子：头上长着奇怪的犄角，长嘴巴向前凸出，还是清一色的赤脚大仙。

国外的消息

从秋天开始，我们《森林报》编辑部陆续收到一些来自国外的消息，介绍我们这儿的候鸟在异国他乡的生活。现在整理出来，与大家分享。

素有小歌手之称的百灵鸟，在地中海南岸的埃及过冬。同样喜欢唱歌的歌鸲，把新家安置在非洲中部广袤的雨林里。椋鸟有的聚集在法国南部，有的住在意大利，还有的飞到了英吉利海峡对面的英国。

在越冬地，这些鸟儿并不唱歌，也不做窝，更不孵雏鸟。它们关注的，只是把自己喂饱，让自己住得舒服。其他的，一律不管。异国他乡固然好，但终究不是自己的落根之处。它们焦急地等待归乡时节的到来。

埃及的鸟儿真多

埃及真是鸟儿过冬的天堂！

波澜壮阔的尼罗河，浩浩荡荡地流经这里。在它的上游，有数不清的蜿蜒支流。河滩上满是潮湿而深厚的淤泥。凡是春天尼罗河水泛滥的地方，都成了肥沃的良田和优质牧场。虽然沙漠比较多，但这儿的绿洲里，到处都有湖泊和沼泽，有的是咸水，有的是淡水。地中海里海水温暖，曲折的海岸线造就了众多的海湾。总之，这里的食物源源不断，丝毫不用担心饥饿的威胁。多样的生活环境，也适宜来自四面八方的鸟儿居住。

不过，夏天，这儿本来就已经生活着许多鸟儿。现在，各地的候鸟也相继飞到这里。其拥挤状况，不难想象。

在尼罗河沿途的湖泊及其支流上，密密匝匝地聚集着各种各样的水禽。远远望去，湖面上，全是五彩斑斓的羽毛和长长短短的脖子。

鹈鹕迈着大长腿，在浅水区捉鱼。它的嘴下面，长着一个巨大而有弹性的皮囊。与它一起的是，从我们这儿飞过去的紫膀鸭和小水鸭。在几只长脚红鹤当中，我们的鹬正悠闲地踱来踱去。要是空中出现了非洲乌雕，或是白尾金雕的身影，这些惬意的家伙们就会四处逃散。

如果湖面上突然响起一声枪响，立马就会惊起一大群形形色色的鸟儿。它们一边惊叫，一边匆忙地振翅飞起。那喧嚣声，只有锣鼓喧天的场面才能比得上。一瞬间，它们密密麻麻地遮住大半个天空，在湖面上投下一大片阴影。

从我们这里起飞的候鸟，就在这样的冬天别苑里，自由自在地享受生活。

禁猎区

不要以为外国的月亮比较圆。在我们辽阔的领土上，也有一个鸟儿的天堂，丝毫不比埃及差。这就是塔雷斯基禁猎区，位于里海东南岸的阿塞拜疆共和国境内，在林柯拉尼亚附近。

许多水禽和鸟儿，成群结队地前往那儿过冬。在那儿，一群群红鹤和鹈鹕，在湖面上或伫立，或起舞，或引吭高歌。当中还时不时地点缀着其他的鸟儿，比如野鸭、大雁、鸥鸟和鹬，也有猛禽。简直与埃及一模一样。

确切地说，那里没有冬天，没有呼啸的寒风，也没有刺骨的冰冷，更没有厚重的积雪。那里的海水常年温暖，海湾里到处都是淤泥。岸边水生植物与灌木茂密地生长着。连草原上的湖泊，也如同一面镜子，倒映着蓝天、白云。重要的是，那儿一年四季都有丰富的食物，保准能让每一只鸟都吃得圆滚滚的。

在这里，禁止猎人打猎。里面的那些鸟儿，都是远道而来的候鸟。辛苦了大半年的它们，飞到这个世外桃源休息、越冬。

南非洲的白鹳

在遥远的南非洲，人们在一群飞到那儿过冬的白鹳中发现，里面有一只的脚上戴着个白色的脚环。经确认，环上面刻着几个字："莫斯科。鸟类学研究委员会，A组第195号。"

这个消息见报之后，远隔千山万水的我们得以知道，之前捉到过的那只白鹳，现在飞到哪里去过冬。

就是利用这种方法，科学家们掌握了许多候鸟的生活习性和迁徙规律。比如，它们喜欢去哪里越冬，经过怎样的飞行路线，何时启程，等等。

世界上许多国家的鸟类学研究委员会，都采用这样的方法进行研究。他们从准备研究的鸟群中，挑选一两只，给它们戴上铝制脚环。在环上刻着研究机构的名称、鸟儿所属的组别和号码。

要是有人无意中捉到或者猎杀了这种戴着脚环的鸟儿，就要根据脚环上的信息，联系相关的研究机构，或是刊登在报纸上把信息发布出去。

八方来电

注意！注意！

这里是列宁格勒《森林报》编辑部。

今天是 12 月 23 日，冬至。今天是一年当中白昼最短、黑夜最长的一天。

这也是我们最后一次举行无线电通报。

东方、南方、西方、北方，请注意！

苔原、森林、草原、山岳、海洋、沙漠，请注意！

请你们详细介绍，你们那儿冬天发生的事情。

这里是北冰洋极北群岛

我们这儿现在正处于漫长的极夜。一天 24 小时，全是夜晚。太阳早就钻到海平线以下去了。在春天到来之前，它都不会再露脸。

整个洋面，都被厚厚的冰层封锁了。苔原上也到处都是冰雪。

很多动物在秋天就离开了，它们适应不了这里的酷寒。不过，还是有一些顽强的生命留了下来。

海洋里，海豹还在快活地游着。它们早早地在冰层上给自己开了个气孔，让新鲜的空气从气孔进入水里，增加水里的溶解氧。要是有冰把孔堵上了，它们就会马上用嘴重新把孔打通，尽量保持空气的通畅。有时，它们会爬出水面，到冰上或者岸上休息一会儿。

　　怕冷的母熊，在严寒中需要钻到冰穴里去避寒。而强壮的公熊，则不需要冬眠。趁海豹惬意地在冰上休息时，它们会偷偷地靠近。别看北极熊外表憨态可掬的，它们可是北极地区最凶猛残暴的动物，海豹、海象、海鸟和各种鱼类都是它们的食物。

　　短尾巴旅鼠生活在苔原上。它们在雪下挖了一条条地道，到处寻觅那些被埋在雪下的草儿。然而，即使这样，它们的宿命天敌——北极狐，还是能透过厚厚的雪层找到它们。

　　北极狐浑身长着雪白的茸毛。它拥有出色的嗅觉系统，先用敏锐的鼻子，在雪地上嗅来嗅去，定位旅鼠的位置，然后用利爪把小家伙从雪底下刨出来。这是它经典的狩猎手法。北极狐还喜欢捕捉苔原雷鸟。当鸟儿还在冰雪洞穴中睡大觉的时候，北极狐早已悄无声息地出现在它们身边，将它们抓个正着。

　　虽然没有太阳，但在极夜里并非漆黑一片。天空中闪烁着梦幻般的极光，还有巨大而明亮的月亮，以及漫天璀璨的星斗，照亮整片冰雪大地。

　　极光在头顶上变幻莫测，绚烂多姿。有时像长长的光滑绸带，在夜空中铺展，随风飘动；有时仿佛飞流而下的瀑布，将天空的瑰丽色彩直接泼洒在大地上；有时像一张巨大的银幕，上面放映着五光十色的故事。洁净的白雪，也被极光熏染上五彩斑斓的色彩。踏上这片土地，宛如进入一个神秘的童话世界。

　　不过，话说回来，我们这里是两大寒极、风极和冰极之一，另一个是南极。气温降到零下 40 多度，冷得要命。几乎每时每刻都有猛烈的暴风雪。好几次，我们的小屋子都被整个埋在雪里。遇上恶劣天气，我们都无法出门。

这里是顿巴斯草原

现在，我们这儿也下起了雪。

不过，与北冰洋相比，这里的风雪并不大。冬天也没有那么漫长，不会冷得那么可怕。甚至有些河流，都没有被冰封锁起来。

一群群的野鸭，从四面八方飞来，到这里过冬。从北方远道而来的秃鼻乌鸦，投宿在各个城市里。它们住在高高的阁楼上面，或是钟楼的屋顶下。这儿有的是充足的食物，可以供给它们一直吃到来年 3 月中旬。

选择在这儿过冬的，还有许多来自苔原地带的朋友。有铁爪鹀，有角百灵，还有个头很大的白色雪鸮。它们白天觅食，晚上休息，这样才能适应夏天的苔原生活。因为那时的苔原是极昼，只有白天，没有黑夜。

草原上白茫茫的，覆盖着纯洁无瑕的白雪。在冬天，田里的农活都结束了。但是，在地底下，在深深的矿井里，人们正在忙碌地劳动着。他们头戴装有矿灯的安全帽，正用机器从阴暗的地层里挖"黑色的金子"——煤炭。然后利用电力升降机，把这些挖出来的煤炭送上地面。再通过载货火车运送到全国各地，送到大大小小的工厂里，送到千家万户居民的手里。

这里是新西伯利亚大森林

森林里的积雪越堆越高。

猎人们三五成群地走进森林，开始他们的冬狩。他们赶着一辆辆轻便的雪橇，上面载着各种粮食和一些生活必需品。许多猎狗飞快地在前面跑着，身后拉着雪橇。这些都是训练有素的北极犬。尖尖的耳朵竖在脑袋上，浑身披着毛茸茸的绒毛，蓬松的尾巴向上卷曲着。

冬天的森林里，生活着数不尽的动物。有长着淡蓝色短毛的灰鼠、稀有的黑貂、林中大猫猞猁、敏捷的兔子、壮实的驼鹿、害羞的鸡貂、纯白色的白鼬。白鼬的皮毛，在从前专门用来做沙皇的皮斗篷，不过现在被人们用来做孩子们的帽子。在密林深处，还躲着火狐、玄狐、榛鸡和松鸡。

身躯庞大的熊，早已在隐蔽的洞里开始了漫长的冬眠。

进入森林的猎人们，一待就是数月。在这段时期内，白天他们忙着张网、设陷阱，捕捉各种各样的野兽，晚上他们住在小木房里过夜。雪橇上的食物，将支撑他们的身体。这里冬天的白昼很短，所以他们得抓紧时间。北极犬在森林里东跑西窜，帮助主人发现猎物的踪迹，比如松鸡、灰鼠、西伯利亚鼬和驼鹿，甚至是沉浸在香甜梦乡里的熊。

当这些猎人回家时，他们的雪橇上满满地载着各色猎物，真可谓凯旋而归。

这里是卡拉库姆沙漠

我们这里，四季分明。

在春天和秋天，沙漠里生机勃勃的，到处都是欢腾的生命。

而一到夏天和冬天，沙漠里一片死寂。夏天，高温与酷暑让鸟兽整日躲在洞里和阴凉处，让它们找不到食物。冬天，它们又被严寒和风雪折磨，也落得挨饿的境地。

每次一到冬天，走兽与飞禽纷纷跑路，逃离这个冰狱。纵使天空中挂着明亮的太阳，也没有动物去欣赏、赞叹那晴朗的天空。就算太阳把积雪全部消融，也只能露出地表上原本就有的沙子。这些沙子，毫无活力可言，单调而无趣。那些昆虫和走兽，乌龟、蜥蜴、蜘蛛、蛇、老鼠、黄鼠、跳鼠等，都钻进沙子的深处去冬眠了。

猛烈的北风在旷野和沙漠上呼啸而过，任意肆虐，吹翻天上的云卷，吹散地上的黄沙。没有人能干涉它，也没有人能阻止它。在冬天，寒风变成了这片土地的主宰。

不过，这种情形是暂时的。开凿灌溉渠，种植防护林，人类正在用自己的双手征服沙漠。等被改造之后，夏天和冬天的沙漠将与春秋两季一样充满生机与活力。

这里是高加索山区

我们这儿很奇特：冬天里同时存在着冬天和夏天，夏天里也是夏天和冬天并存。

那些高耸入云的山峰上，常年覆盖着冰雪，连夏日的阳光也无法消融。正如夏天无法征服山顶那样，冬天也无法征服这里的谷地和海滨。谷地被群山环抱着，草地上和树丛间万紫千红的。海滨更不用多说。

冬天，羚羊、野山羊和野绵羊们，纷纷从山顶被赶到山腰。如果想让它们继续往下走，那是无论如何也做不到的。当山上开始下雪的时候，下面的谷地里，下的依然是温暖的雨。

果园里，橘子、橙子和柠檬的采摘刚刚结束。娇嫩的玫瑰，还在花园里优雅地绽放。蜜蜂在一旁"嗡嗡"地忙前忙后。在向阳坡上，第一批春花早早地盛开了。有白色花瓣、绿色花蕊的雪花，有橙黄色的蒲公英。

在我们这儿，鲜花不间断地在四季开放。这里的母鸡也是一年四季都在下蛋。

要是飞禽与野兽开始饿肚子了，它们用不着遥远地迁徙与游牧。它们只要走下山来，要么下到半山腰，要么下到谷地里来，就能轻易地找到不少美味。

这里优越的生活条件，吸引了不少有翅膀的旅客飞到这里过冬。有苍头燕雀、椋鸟、百灵、野鸭和勾嘴鹬，还有其他各种候鸟。

今天是冬至，白天最短、夜晚最长。但是，明天是崭新的，太阳在这一天重生，呈现在我们眼前的将是，白天到处都是灿烂的阳光，夜晚是满眼的璀璨星空。

我们国土的最北端是北冰洋。在那里，我们的朋友被冰雪与寒风锁在屋子里。而在南端，在我们这儿，出门都不用穿厚厚的大衣，薄薄的外套就足以保暖。我们的祖国真是广阔而神奇。

现在，映入我们眼帘的是连绵的群山，山头上挂着一弯小船似的月牙。脚下，海浪轻轻地拍打着海滨的岩石。

这儿是黑海

现在，黑海上微波荡漾，轻轻地拍打着海岸。一颗颗五颜六色的鹅卵石在沙滩上滚动，"骨碌""骨碌"，像是睡着翻身时发出的呢喃声。一弯细细的月牙，倒映在黑黝黝的水面上，破碎，又聚合。四周宁静而祥和，仿佛一幅油画。

这里暴风的季节已经走远了。在秋天，海面上波涛汹涌，大浪翻天，狂风挟带着怒浪，恶狠狠地向礁石冲去，"哗啦啦"地吼着。在岩石上击碎的水花，四处飞溅。人们都不敢接近海滨半步，生怕自己被卷入海浪与礁石的酣战之中。当然，一到冬天，暴风就很少光临。海面温温顺顺的。

这里没有真正意义上的冬天。即使是在所谓的冬季里，也只是海水稍微变凉了一些。再冷一点，不过就是北部海岸一带短暂地结着薄冰。其余的时间，都是大海的狂欢季。活泼而善良的海豚，三两成群地在海里玩耍。黑鸬鹚在水面上捉迷藏，时隐时现的。雪白的海鸥展开双翅在海上翱翔，观察着水里的游鱼。一年四季，都有气派的汽船和轮船在这片海面上来来往往，载着各种各样的旅客和货物。偶尔有快艇像箭一般在海面上疾驶而过，留下一道白花花的水痕。还有那轻便的帆船，在这里自在地扬帆起航。

各色潜鸟、潜鸭，还有浅红色鹈鹕，先后飞到我们这里过冬。鹈鹕嘴下有个皮囊，那是用来存放鱼的，作用与一般鸟儿的嗉囊差不多。在我们的海里，冬天与夏天一样热闹，一点儿都不寂寞。

我们是列宁格勒《森林报》编辑部

亲爱的朋友，你们看，在我们祖国各地，春夏秋冬是多姿多彩的。这些都是我们国家的四季，都是我们伟大祖国的一部分。

　　这四季里面，肯定会有你中意的那一种，或者你向往的那一种。不论你走到哪里，不论你在什么地方工作、定居、生活，值得欣赏的良辰美景就在你的身边。大自然就是这么鬼斧神工，慷慨地赋予每一处独特而美妙的风景。你既可以继续发现这片国土上更新奇的风景，也可以继续探索、研究更丰富的资源，从而参与到构建更加美好的新生活中来。

　　我们今年的第四次，也是最后一次无线电通报，到这里就全部结束了。感谢你们的一路陪伴！

　　再会！再会！
　　明年再见！

NO.11 忍冻挨饿月

（冬季第二月）

1 月 21 日—2 月 20 日太阳进入宝瓶宫

太阳的诗篇——一月

说到 1 月，老一辈的爷爷奶奶肯定会告诉我们，1 月是新年的开始，是冬天的中心，更是冬春两季的转折点。的确是这样。

进入新的一年之后，白昼的时间在无声无息中变长了。

洁净的白雪覆盖大地，覆盖着森林，覆盖着河流，也覆盖着城市和村庄。一切都仿佛陷入沉沉的酣眠之中。

从一些动物身上，我们得知，在遇到困难之时，生命体会假装死亡。这一点，1 月也适用。在这个月份里，所有草木都停止了生长与发育。当然，这停止是暂时的，并不意味着死亡。在白雪之下，它们其实饱含着强劲的生命力，特别是萌芽与开花的力量，就等春天时喷薄而出。松树和云杉，完好地把它们的种子保存在球果里，它们也在静候着生机勃发的春天。

青蛙啊，蛇啊，蜥蜴啊，这些变温动物，躲的躲，藏的藏，在各自的窝里纹丝不动。它们是不是被冻死了？不是，它们只是降低体温，减少了生命活动，以适应严寒的环境。甚至像螟蛾这种娇弱的物种，在冬天也没有冻死，而是钻进各种暖和的掩蔽体里去避寒了。

属于恒温动物的鸟儿，体内血液很热，所以它们从来不冬眠。许多其他的动物，也不冬眠，它们有自己的方式度过冬天。比如纤小的老鼠，整个冬天到处乱跑乱跳，一刻也不停歇。更奇特的是，在正月的严寒时节，躲在雪下深处洞穴里的母熊，居然生下了一窝小熊宝宝。虽然它自己一整个冬天都没有进食，却有充足的奶水喂给熊宝宝吃，还会一直喂到开春。这难道不是一种生命的奇迹吗？

林中趣事记

林子里好冷啊

刺骨的北风在田野里和树林间游荡，用它那冰凉的双手抚过白桦和白杨光秃秃的树枝，撩起飞禽紧密的羽毛大衣，还不时拨弄着它们的小脑袋瓜。

在寒风的恶作剧下，鸟儿紧紧地缩着身子。它的头被吹得冰凉，小脚爪上也是冰凉似铁。不能再蹲在地上，或是枝头上了。得赶紧活动起来，或跑，或跳，或飞，给自己取暖。不然，就会被冻僵。

要是有个温暖、舒适的小窝，再加上一个塞满食物的仓库，这个冬天就会过得特别舒坦。每天可以吃得饱饱的，然后把自己扔到柔软的大床上，身子蜷缩成一团，就可以蒙头大睡了。既不用担心呼啸的寒风和厚厚的积雪，也不用担心荒芜的田野和空旷的树林。反正，天与地，全在自己的窝里。

饥荒在蔓延

只要能填饱肚皮，动物们就不用担心寒冷的冬天。一顿丰盛的饭菜，会在身体里产生热量，促使血液变得更热，一股暖流就会在全身的血管里流淌，整个身子就会暖和起来。皮毛下面的那一层厚厚的脂肪，是最保暖的里子。它与外面的毛皮大氅或羽绒外套一起，抵御寒气的侵入。

可是，天寒地冻的，到哪里去寻找食物呢？

狼和狐狸整日在林子里徘徊，寻觅着猎物的蛛丝马迹。林子里空荡荡的，除了雪，什么也见不到。动物们有的早已飞走了，那些留下来的也早就躲进了隐蔽的地方。白天，乌鸦冒着寒风在林子上空觅食。晚上，饥肠辘辘的雕鸮也在夜空中不停地盘旋。它们都在努力地寻找食物。可是，什么也找不到呀！

饥荒，正在林子里蔓延。

轮番登场

在一块空地上，一只乌鸦最先发现一具马的尸体。没有人知道这尸体为什么会躺在这里。

"哇！哇！哇！"这只乌鸦在召唤着它的同伴。不一会儿，一大群乌鸦闻声而来。它们从空中落了下来，欢快地享用这顿美餐。

夜色徐徐降临，月亮爬上了山头。忽然，"呜咕……呜，呜，呜……"不知是谁在林子里幽幽地叹气。

乌鸦被惊散。一只雕鸮从密林里飞了出来，落在马尸上。它用锋利的嘴，一条一条地撕扯着马肉。脑袋上耳朵似的羽毛一抖一抖的，眼睛还眨巴眨巴的，看来它对这顿晚餐很满意。

可正当它想美美地饱餐一顿时，雪地上传来一阵沙沙的脚步声。警觉的雕鸮飞上了旁边的树枝。

原来是一只循味而来的狐狸。它四处瞧瞧，然后溜到食物旁，大快朵颐。刚吃了一点儿，一匹狼紧随其后。狐狸赶紧慌张地钻进了灌木丛。

　　狼一见到食物，就两眼放光，立马扑了上去。它竖着浑身的毛，用尖利的牙齿剐起一块块马肉，往嘴里塞。喉咙里呼噜呼噜，那是食物下肚的标志。吃了一会儿，它似乎察觉到什么，抬起头来，环顾四周，牙齿咯咯作响，好像在警告躲在暗处的旁观者："别过来！谁也不准跟我抢！不然，叫你们好看！"接着，又埋头大吃起来。

　　突然，远处的一声雄浑的吼叫把它惊醒。刹那间，狼夹着尾巴，飞也似的逃走了。

　　原来，熊，这位森林的最强者，缓缓登场了。这下子，谁也休想靠近这顿美餐。

　　熊终于吃饱了。此时黑夜将尽，启明星在东方闪闪发光。它直起身子，摸摸圆圆的肚子，心满意足地走了。它又可以回去好好地睡一觉了。

　　好不容易等熊走远，狼第一个冲到马尸旁。事实上，也没有动物敢跟它抢。

　　狼吃饱了，狐狸迫不及待地来了。终于轮到它了。

　　狐狸吃饱了，雕鸮重新落下地来。

　　雕鸮吃饱了，乌鸦又飞了回来。

　　等食客都散场时，东边出现了一抹晨曦。这一席免费的盛宴，被轮番登场的食客吃得一干二净。现在只剩下一点残余的马骨，孤零零地散落在那里。

芽儿怎么过冬

现在，所有植物都处于沉睡状态。但是，它们暗中做好了在春天发芽的准备。那么，这些芽是怎么过冬的呢？

树木的嫩芽，睡在树枝的叶腋里，高高地悬在半空中过冬。各种各样的草儿，都为自己量身打造了一套过冬的办法。

譬如繁缕，它的叶子在秋天就枯黄，整棵植物看起来好像死了一样。而它那绿色的芽，还活着，就躲在枯茎的叶脉里。它以这种方式过冬。

触须菊、卷耳、石蚕草，以及其他低矮的草本植物，把芽藏在积雪下，自己也安然无恙的。当春天来临时，它们准备以碧绿的盛装迎接春天。

艾蒿、牵牛花、草藤、金梅草和立金花，眼下只剩下快要腐烂的茎和叶留在地面上。如果你细心观察，就会发现它们的芽紧紧贴着地面，藏在这些枯枝败叶下面。

草莓、蒲公英、酸模、苜蓿和蓍草，这些植物的嫩芽，也是在地面上过冬。它们的过冬环境稍微好些，有一丛丛绿色的叶簇在周围保护着。这些草儿也将以碧绿的身姿从雪底下露面。

大部分草儿的芽，都是在地上过冬的。也有些奇特草儿的芽，过冬方式与众不同。

它们的芽选择在地下过冬。像铃兰、鹅掌草、舞鹤草、款冬、柳穿鱼、狭叶柳叶菜，它们的芽附在根状茎上过冬。野大蒜、野葱的芽，是依托在鳞茎上越冬的。紫堇的小芽，则是藏在小块茎里熬过寒冷的冬季。

至于那些生长在水里的植物，它们的芽大多埋在水底暖和的淤泥里。

小木屋的不速之客

在难熬的冬季，饥饿会让鸟兽忘记恐惧，使它们变得胆大，它们纷纷凑到村庄和城市附近。与空荡荡的森林相比，在这里能比较轻松地弄到食物。

黑琴鸡和灰山鹑最大胆，它们经常跑到打谷场觅食，有的甚至径直溜进了谷仓。欧兔胆战心惊地在村边的干草垛里偷吃干草，一有动静，马上拔腿就跑。

我们通讯员住的小木屋里，有一天，飞进了一只苇雀。它的羽毛是黄色的，脸颊是白色的，胸脯上有黑色的条纹。它丝毫不理会在场的木屋主人，只顾低头啄食餐桌上的食物碎屑。

木屋主人悄悄地掩上了门，这个小家伙就成了俘虏。

小俘虏的日子过得很自在。它在木屋里足足待了一个星期。没有人喂它，它反而一天天地胖了起来。原来它从早到晚在屋子里转悠，到处寻找食物：角落里的蟋蟀、木板缝里的苍蝇、桌上的食物残渣。晚上，它睡在火坑后面的裂缝里。

过了一周，小家伙已经把苍蝇、蟑螂、蟋蟀都捉完了。没有吃的了，它开始啄起屋子里的其他东西。啄了面包也就算了，书本啊，木塞啊，小盒啊，全被它的尖嘴啄得面目全非。

无奈的木屋主人只好打开门，把这位不速之客撵走了。

野鼠警报

现在，田野和森林，全被皑皑的白雪覆盖着，找不到东西吃。许多旅鼠的肚子饿得咕咕叫，它们洞穴里的储物室早已断粮了。同时，为了逃避白鼬、伶鼬、鸡貂和其他天敌的追捕，也有不少旅鼠纷纷逃出洞穴，另外寻找住处。

于是，饥饿的旅鼠成群结队，跑到森林外面来了。它们看中了村庄里装得满满的谷仓。

伶鼬、白鼬跟在旅鼠的后面，也走出了森林。但是，它们的数量太少了，来不及捕捉所有的旅鼠。

因此，大家赶紧行动起来，看好粮仓里的粮食，千万不要被啮齿动物偷走了！

不服从法则的交嘴鸟

眼下，森林中有很多居民正受着严寒的折磨。

除了弱肉强食、适者生存之外，森林里还有一条重要的法则：在冬天，要用一切办法熬过寒冷和饥饿，要坚决杜绝孵雏鸟的想法。夏天，才是最适合孵雏鸟的季节。那时气温适宜，食物丰裕，没有后顾之忧。

可是，在冬天拥有温暖住宅和充足食物的动物们，就不大服从这个法则。譬如交嘴鸟。

在一棵云杉树上，有一个交嘴鸟的巢。里面有几个小小的鸟蛋。周围的树枝上依然积着白雪。到了第二天，从蛋壳里，孵化出几只裸露着身子的雏鸟。它们安静地躺在那里，眼睛都还没有睁开。不用担心，它们既不怕寒冷，也不怕饥饿。

一年中，经常可以在森林里看到这种小鸟。它们聚集成一小群，在树枝间跳来窜去。彼此之间，用清脆的鸣叫愉悦地应答着。它们居无定所，成年过着流浪的日子，今天住在这里，明天飞往那里。

大多数鸣禽都会选择在春天寻找配偶，然后搭建小屋，定居下来，一起孵化雏鸟。可交嘴鸟是个另类。那时候，它们仍然满林子嬉戏。无论在哪里，都不会逗留太久。

然而，在它们那热闹的鸟群里，总是能看见老鸟和年轻鸟一起生活。不了解内情的人还会以为，那些雏鸟是它们一边飞一边生下来的。

在列宁格勒，人们给交嘴鸟起了个外号——鹦鹉。因为它们跟鹦鹉一样，长着一身鲜艳的羽毛。雄鸟的羽毛是红色的，而雌鸟和雏鸟的是黄绿色的。另一方面，它们能在细木杆上轻盈地爬上爬下，或者像荡秋千那样灵巧地转圈。

它们的脚爪和嘴巴都很灵活。前者擅长攀、抓东西，后者擅长于叼、咬东西。它们能用脚爪抓住上面的细树枝，用嘴巴咬住下面的细树枝，头朝上、尾朝下地倒挂着。

最奇异的是，它们死后，尸体很长时间都不会腐烂，甚至可以完整地保存 20 年，既不掉羽毛，也不发臭。跟木乃伊有点像。不过，木乃伊还得经过繁复的工序才能制作完成，而交嘴鸟完全不用。

"交嘴鸟"这个名字源于它们的嘴。它们的嘴很奇特，上下嘴是交错着的，上面的往下弯，下面的往上翘。

其实，在还是雏鸟的时候，它们的嘴是直直的，与其他的鸟儿没什么区别。长大了，它们开始啄食云杉和松树的球果。这时，原本柔软的嘴巴才逐渐变弯并上下交叉，变成现在的模样。这样的嘴巴，让它们很容易就能把种子从球果里取出来。

那交嘴鸟为什么要一辈子流浪呢？

这是因为，只有不断四处寻找，才能发现球果最多、最好的树林。比方说，今年，我们这儿的球果丰收，它们就飞到我们这边来。明年，要是其他地方的球果结得好，它们就到那儿去了。

为什么它们能在冰天雪地里欢唱、孵化雏鸟呢？

四面都是美味球果，没有什么比这个更让人高兴的了，所以它们要兴奋地歌唱。

它们的巢，是用苔藓、松针、茸毛、羽毛和柔软的兽毛搭成的，暖和极了，最适合孵蛋和雏鸟的生长。雌交嘴鸟负责在窝里生蛋、孵雏鸟。雄鸟负责外出觅食，为雌鸟补充体力。

等雏鸟出壳之后，雌鸟就会喂它们吃松子和云杉子。这些食物，是事先在雌鸟的嗉囊里弄软的，方便小家伙们的吸收。

一年四季，松树和云杉树上都挂着球果。对交嘴鸟来说，任何时间都可以孵蛋，不论是春天，还是冬天。它们一配对，就会离开鸟群，单独生活，筑起爱巢，生儿育女。等雏鸟长大，它们会重新加入鸟群。

最后一个，也是最让人捉摸不透的问题：为什么交嘴鸟死后不会腐烂？

这与它们的食物有关。在松子和云杉子里，含有大量的松脂。这些松脂，具有防腐的作用。有些交嘴鸟，一辈子只吃松子和云杉子，它的身体都被松脂渗透了。在它死后，体内的松脂能不让身体腐坏。古埃及人在制作木乃伊时，就是在尸体上涂满松脂，以便防腐和长久的存放。

狗熊搬家记

去年深秋，狗熊在山坡上选了一块地，给自己挖了一个坑。挺拔的小云杉密密匝匝地分布在山坡上。接着，它从云杉树干上，用脚爪撕下许多长条形的树皮，堆在坑里。然后从树根附近采集来不少苔藓，铺在云杉树皮上，当作柔软的垫子。之后，它啃倒一些小云杉，像盖房顶一样盖在坑上面。这样，它过冬的小窝就搭建好了。最后，狗熊钻了进去，心满意足地睡着了。

可惜好景不长。不到一个月，猎狗发现了狗熊的小窝。惊慌失措的它好不容易从猎人的枪口下逃脱。

在流亡期间，无家可归的狗熊只好无奈地睡在冰冷刺骨的雪地上。尽管如此，它还是不幸地被猎人找到。在千钧一发的刹那，它侥幸逃生。

两次死里逃生的狗熊，决定第三次一定要藏在一个好地方，既隐蔽，又温暖。

结果，它这次藏的地方，所有人都找不到。

它藏在哪里了呢？

到了春天，大伙儿才发现，原来它藏在高高的树上。

这棵树之前不知道什么时候被风吹折过，倒着生长的树干，形成了一个坑。去年夏天，一只雕用粗树枝和软草在这里建了一个巢，雏鸟长大后，这里就被舍弃了。最后便宜了这只狗熊。它就睡在这空中的"坑"里，度过了冬天。

城市之声
免费食堂

可怜的飞禽们，正因严寒而受罪。

善良的城里人，在自己的阳台上、院子里，纷纷给它们开辟了免费食堂。有的用细绳拴着小块面包或牛油，挂在窗户外面；有的慷慨地把盛着燕麦粒和面包屑的筐子，摆在露天的院子里。

青山雀、苣雀、白颊鸟，还有其他的鸟儿，陆续地到这些免费食堂就餐。偶尔，黄雀和红雀也加入领餐的队伍。

学校里的生物角

现在，每一所学校都设有生物角。这是一个奇特的角落，摆放着各种箱子、罐子和笼子，里面养着蛇、青蛙、鸟儿、瓢虫等动物。这些动物，都是学生们平时远足时带回来的。

现在，孩子们可忙了。除了日常的学习之外，他们得精心照料所有的房客。不但要按照每一个房客的生活习性，给它们提供舒适的房间，而且要准备充足的食物，让它们吃饱喝足。还得留神看好这些房客，防止它们偷偷逃跑。

一群热情的孩子们，向我们展示了他们在夏天写的一本日记。看了之后，我们才明白，他们是有目的地搜集动物，而不只是纯粹闹着玩的。

6月7日，日记本上写着："今天，我们贴出一张宣传单。号召大家把搜集到的动物，都交到值日生那儿汇总。"

6月10日，值日生写道："大家搜集了不少动物。屠拉斯捉到的是一只啄木鸟。米龙诺夫抓到一只甲虫。加甫里洛夫找到一条蚯蚓。雅柯甫列夫带来一只瓢虫和一只不知名的小甲虫。包尔切得意地带来了一只小篱雀……"

几乎每天都有类似的记录。比如"6月25日：今天，我们去了池塘。在那儿，我们抓到了许多蜻蜓的幼虫，还有别的昆虫。还捉到一只蝾螈，这是我们急需的动物"。

有的孩子还详细地观察这些捉到的动物：

"我们捉了许多水蝎子、松藻虫和青蛙。青蛙长着4只脚，每只脚上分别有4个脚趾。它的眼睛是乌溜溜的，鼻子像是两个小洞。青蛙是益虫，能帮助我们消灭许多害虫，所以我们应该保护它。"

冬天，他们还凑钱从商店里买回乌龟、金鱼、天竺鼠，还有些羽毛鲜艳的鸟儿。这几种都是我们这儿没有的。

当你一靠进生物角，就能听见一阵喧闹。有的房客在气冲冲地叫嚷，有的在轻轻地哼唧，还有的在婉转地啼鸣。这些动物，有的是毛茸茸的，有的是光溜溜的，有的披着羽毛。简直就是个微型动物园。

聪明的孩子们，还提出了互相交换动物的好主意。夏天，这边的学生捉到鲫鱼，那边的学生养了家兔。于是，双方彼此交换，用 4 条鲫鱼换 1 只兔子。这样两边都能获得一种有趣的新动物。

年纪稍长的孩子们，建立了少年自然科学家小组。每一所学校都有。

在列宁格勒的少年宫，也有一个这样的小组，由每个学校最优秀的少年自然科学家共同组成。他们一起学习怎样观察和照料动物，怎样辨认植物，怎样制作标本。

整个学年，小组的组员们经常到各种地方远足。

夏天，他们集体出发，前往离列宁格勒很远的地方，并在那里住上整整一个月。其间，每一个组员都有自己的分工。植物学组组员负责采集植物，并制作标本；哺乳动物学组组员负责捕捉老鼠、刺猬、兔子、鼩鼱以及其他小野兽；鸟类学组组员得寻找鸟窝，观察鸟儿的形态特征和生活习性；爬虫学组组员要抓青蛙、蝾螈、蜥蜴，甚至蛇；水族学组组员捕鱼和抓一切生活在水里的动物；昆虫学组组员则需要抓蝴蝶、甲虫，还要研究蚂蚁、蜜蜂等昆虫。

少年米丘林工作者们，在学校开辟果园、菜园和苗圃。通过自己的辛勤劳作，他们常常能获得丰硕的果实。他们还会把整个过程详细地记录在日记本上。

无论刮风、下雨，还是酷暑、严寒，无论是大地的秘密，还是农庄的日常生活，都逃不过少年自然科学家们那敏锐的眼睛。

未来的科学家、科考队员、勘探工作者，正在茁壮地成长。这新的一代，是充满智慧、具有丰富想象力与创造力的一代。将来定能看到他们绽放的夺目光彩！

跟树同岁的人

过了新年，我已经 12 岁了。

在我所在的城市里，大街两旁种着一排椴树。偷偷地告诉你们，这些树跟我同岁。它们是少年自然科学家在我出生那天栽下的！

它们现在长得可高了，比我高出了很大一截。我也要赶快长大！

■谢辽沙

NO.12 苦熬残冬月

（冬季第三月）

2月21日—3月20日太阳进入双鱼宫

太阳的诗篇——二月

2月，是冬蛰月。雪依旧覆盖在大地上。风在雪地里四处游荡，却不留下足迹。

这是冬季的最后一个月，也是最可怕的一个月。

比起寒冷，这会儿最难熬的是饥饿。秋天积累的脂肪，已不能提供更多的热量，不能再给动物们提供营养。储藏室里的食物也快见底了。饥饿像个幽灵，一直徘徊在它们身边。受饥饿的驱使，恶狼们在风雪中偷袭村庄和城镇。它们每天晚上潜进羊圈，把可爱的小羊，还有村子里的狗、猫、鸡等动物，拖到森林里填饱肚子。几乎每天都会听到各种牲畜的哀嚎。

白雪，先前为不少动植物提供了温暖的避寒场所，现在却变成了它们的敌人。积雪越来越厚，不堪重负的树枝终于折断了，甚至整棵小树被积雪压断。那些断枝凌乱地散落在地上。只有山鹑、榛鸡和琴鸡，喜欢这深雪。它们整个都钻进了深雪，打算在里面过夜。对它们来说，那里是舒适且安全的地方。

有时候，白天阳光把积雪融化成雪水，夜晚的寒风与低温将雪水冻成一层冰壳，盖在雪上面。在太阳把冰壳融化之前，你都得乖乖地待在屋子里，要不然，保准你在雪地上摔个大跟头。雪底下的那些动物和植物，也休想从这冰层里钻出去。

暴风雪不停地吹呀吹，吹呀吹，把雪橇走的大道都掩埋起来了……

可以熬过去吗？

时光荏苒，森林年的最后一个月来临了。这是最艰苦的一个月，不仅要忍受残冬，还要忍受饥饿。这是黎明前的黑暗时期。

森林里，所有居民仓库里的粮食，都所剩无几。挨饿的日子，让动物们都消瘦了下去，皮毛下那层厚厚的脂肪已空空荡荡的。它们的体力在这寒冷的季节里也大大削弱。

而狂风大雪丝毫没有体谅大家的处境，反而故意刁难，更加残忍地摧残着一切。天气越来越冷，积雪越来越厚。这是冬天最后的狂欢，所以它更肆无忌惮。它要在退场之前彻底释放自己，用最寒冷的北风和冰雪谱就最极致的冬之曲。

再顽强地坚持一会儿，大地上的动物们就能迎来梦寐以求的春天。

然而，我们不免为这些飞禽走兽担心：它们能顺利地熬到春天吗？

通讯员们在森林里巡逻，一路上看到不少悲惨的故事。有些动物不堪残冬的折磨，已经丧命。不过，也有一些坚强的生命，完全不用为它们担心。

严寒的牺牲者

天寒地冻，加上狂风怒号，这是残冬最恶劣的天气。每次在这样的天气下，都能在雪地上找到一个接着一个倒下的鸟兽。它们都被活活地冻死了，再也见不到温暖的春天。

树桩下的积雪，杂乱树枝堆下的积雪，还有横在地上的树干下的积雪，都被强劲的风清扫了出来。可那里面睡着不少动物呢，甲虫啊，蚯蚓啊，蜗牛啊，蜘蛛啊，以及许多小野兽。它们身上暖和的雪被揭开了，一个个暴露在寒风里。要不了多久，它们都将丧命。

飞鸟呢，有的蜷缩在窝里，连头都不敢探出去。有的出去觅食，不幸遇上暴风雪，因体力不支从空中坠了下来，跌进深雪中。乌鸦的抵抗力最强，可还是能在暴风雪之后的雪地里捡到它们僵硬的尸体。

风雪过后，森林里的公共卫生员就会马上出动。它们把在雪地上横七竖八的尸体，全部清理干净。

坚硬的冰壳

融雪天之后的暴冷，会把最上面一层融化的雪一下子冻成冰壳。这层冰壳又光滑，又坚硬。野兽锋利的脚爪刨不开，鸟儿结实的尖嘴也啄不开。虽然鹿的蹄子可以把冰层踏破，但冰窟窿周围的冰棱，像刀一样尖锐，会划破鹿脚上的毛皮。

整个大地变成了一个巨大的溜冰场，除了冰，上面什么也没有。冰壳下面则是另一番天地，这里有松软的白雪，地面上还有去年残留的细草和谷粒。

对鸟儿来说，细草和谷粒是诱人的食物，可是怎样才能吃到呢？谁要是有能力啄破这层冰壳，就能如愿以偿地享受到美食。心有余而力不足的，就只能挨饿。

在这冰壳里，还发生过趣事。

在某一次融雪天，地面上的雪被太阳晒得蓬蓬松松。傍晚，几只灰山鹑在雪地里刨了一些洞，然后蹲在里面，径自睡着了。这是它们暖和的过夜小窝。到了夜晚，气温骤降。沉睡中的山鹑，并没有察觉到这一点。它们继续睡在暖和的雪下洞穴里。

第二天早晨，它们睡醒了。这一觉睡得挺舒服的，就是梦中觉得有点喘不上气。肚子饿得咕咕叫，得去外面找些吃的。它们打算像在草丛里那样飞起来，但头却撞到一层坚硬的冰，把它们撞得头昏眼花的。坚硬的冰壳像是罩子一样，牢牢地扣在雪地上。雪里的空气变得稀薄，也是因为它。灰山鹑们使劲地往冰壳上撞，小脑袋撞得流出了血，羽毛也凌乱了。尽管如此，它们还是不停地往上撞。它们要冲出去，不然，就会活活闷死在这冰壳之下。

谁要是能逃出这雪牢，重见天日，哪怕还饿着肚子，也算是幸运的。

玻璃似的青蛙

为了观察冬天的青蛙，我们的森林通讯员打算做个小实验。

他们凿破池塘里厚厚的冰层，小心翼翼地挖开池底的淤泥。嘘，小声点，别惊扰在淤泥里睡觉的青蛙。从秋天开始，它们就陆续挤在这里，开始漫长的冬眠。

把它们从淤泥里拿出来时，手上冰凉冰凉的，像是捏了一块冰在手里。小家伙们纹丝不动，眼睛紧闭着，仿佛是玻璃青蛙似的。处于冬眠状态的它们，身体非常脆。只要轻轻一敲，就能轻而易举地把它们的四肢弄断。

接着，他们把几只青蛙带回了家，放在温暖的屋子里。过了一段时间，小家伙们一点一点地苏醒过来。先是身上的冰融化了，然后眼珠子开始转动，四肢也慢慢恢复了知觉，最后它们一个个在地板上跳来跳去。

可以想见，当春天的阳光透过融化了的池水，把暖意传达到淤泥里后，青蛙们就会从冬眠里苏醒过来，活蹦乱跳地迎接春天。

过冬的蝙蝠

在托斯那河沿岸，十月铁路上有一个站台，叫萨勃林诺车站。在这车站的不远处，有一个大岩洞。许多年以前，人们在这儿挖沙子，沙子挖完了，岩洞就被废弃了。现在，已经没有人会到这个洞里来了。

而这次，我们勇敢的森林通讯员打着手电，钻进了岩洞。

他们发现，在洞顶上，有许多蝙蝠倒挂在那儿睡觉。有兔蝠，也有山蝠。兔蝠把翅膀像盖被子那样，紧紧地包裹着自己的身体，连大耳朵也藏在翅膀下面，严严实实的。

它们这样倒挂着冬眠，已经睡了 5 个月。

它们睡得这么久，身体会不会生病？通讯员细心地给它们摸脉搏、量体温。

众所周知，在夏天，蝙蝠的体温跟我们人类差不多，37摄氏度左右，每分钟脉搏为200次。现在，它们的体温只有5摄氏度左右，每分钟脉搏只有50次。与其他冬眠的动物一样，蝙蝠在冬天也会降低生命活动，实现能量的低消耗，从而度过冰雪季节。

它们可以像这样再睡上一两个月。等温暖的夜晚一到，它们自然就会苏醒过来。

春装

今天，我在一个偏僻的角落里，找到一株盛开的款冬。细长的嫩绿色茎上，长着细密的白色茸毛。小叶子是鳞形的。茎端上绽放着一朵金黄色的花朵，又长又密的花瓣围成一圈，中心是鲜黄色的花蕊。

眼下，我穿着厚重的大衣，都冷得发抖，可穿着春装的它丝毫没有怕冷的模样。

你一定无法相信。这么冷的天，款冬怎么能开花呢？它不是应该还在雪底下藏着吗？

从一开始，我就说了，是"在一个偏僻的角落"找到它的。这个偏僻的角落，是在一幢楼房朝南的墙根下。更重要的是，暖气管子从这儿经过。所以,在这儿,雪一落到地上就融化了,黑色的土壤里还冒着热气。

而稍远点的地上,还积着白雪,空气也是冰冷冰冷的。

■尼·巴甫洛娃

小小游园会

在融雪天,或是暖和的时候,没有积雪的僻静角落里,就会举办一场小小的游园会。参加者是各种各样的虫子,有蚯蚓、蜘蛛、海蛆、瓢虫,还有叶蜂的幼虫。被温暖的天气吸引,它们纷纷从雪下爬出来。它们以为春天到了,就兴冲冲地钻了出来。

它们在那里散步,伸伸懒腰,活动活动冻得麻木的腿脚,呼吸呼吸新鲜的空气,顺带晒晒太阳。

蜘蛛是出来觅食的,它的肚子早就唱了空城计。没有翅膀的蚊子幼虫,光着脚丫子,在雪上爬来爬去。长脚舞蚊扇着翅膀,在空中飞舞。

只要寒气一来,它们的游园会就会立即中断。大伙儿躲的躲,藏的藏,重新回到自己的窝里去。有的爬回枯败的落叶堆里,有的趴在苔藓下面,有的钻进了泥土里。

冰窟窿里的脑袋

在西部有一条河流，叫涅瓦河。它从拉多加湖流出，向东流进芬兰湾。

有一天，在涅瓦河河口的冰上，一位路过的渔人看见不远处的冰窟窿里探出一个黑色的脑袋。那个脑袋油光发亮的，还带着几根稀疏而坚硬的胡子。他起先不知道这是什么。当脑袋转过来时，他才看清，原来这是张野兽的脸。两只亮晶晶的眼睛，直直地盯着渔人看。下一秒，脑袋就钻进水里不见了。后知后觉的渔人，过了一会儿才明白过来，自己看到的那只野兽，原来是海豹。

冬天，海豹没有闲着。它们在冰下的水里抓鱼，用来填饱肚子。它们把脑袋探出水面，是为了换口气。跟我们在潜水时需要换气是一个道理。

在芬兰湾上，渔人们时常能见到这种动物。它们或者把脑袋探出水面，或者整个爬到冰面上来。

有一些执着的海豹，在追捕鱼时，会从芬兰湾一直追进了涅瓦河，甚至一直游到位于涅瓦河上游的拉多加湖。拉多加湖里的湖鱼，为它们提供了丰富的食物。许多海豹在那儿觅食，那儿简直变成了一个海豹渔猎场。

犄角脱落了

森林中，公驼鹿和狍子的头上，那树枝似的犄角都脱落了。

之前，犄角是它们防身的重要武器。这次是它们自己把武器解除掉的。公驼鹿在密林里，低着头，把犄角在粗壮的树干上来回蹭。蹭呀，蹭呀，犄角就被蹭下来了。

有两匹狼，远远地看见公驼鹿扔掉了武器，以为昔日的林中大汉，没有了犄角的保护，现在应该柔弱得不堪一击。于是，它们决定向驼鹿发起攻势。

没想到，这一场战斗结束得十分迅速。虽然没有了犄角，但驼鹿还有结实的四肢。只见它用两只前蹄，瞬间就把其中一头狼的脑袋踢出了血。紧接着，它转过身，又利索地把另一头狼踢倒在地上。倒霉的狼，被折腾得浑身都是伤，好不容易才从蹄子下逃生。

最近，公驼鹿和狍子又都长出了新的犄角。不过，还只是肉瘤，外面裹着一层长着茸毛的皮。要想犄角完全长硬，还需要一段时间。

爱洗冷水澡的鸟儿

在波罗的海铁路线上的迦特钦车站附近，我们的森林通讯员在一条结冰的小河旁发现了一只小鸟。它浑身长着黑褐色的羽毛，唯独颈部和胸脯是白色的。

那天早晨，虽然天上挂着明亮的太阳，但天气还是很冷，几乎可以冻掉鼻子。通讯员不得不好几次用雪来摩擦那冻得发白的鼻子，以便恢复知觉。在这天寒地冻的时节，四周一片寂静。而那只小鸟从冰上传出的愉悦歌声，顿时吸引了通讯员的注意。

他悄悄地接近小鸟，正巧看见它跳得高高的，然后猛地扎进了冰窟窿里。

它是发疯了吗？河水这么冰冷，它还往里面钻，肯定会被冻坏的。着急的通讯员赶紧跑到冰窟窿旁，想要救起那只小鸟。

没想到，那只小鸟用翅膀划着水，居然惬意地在河里游起泳来。黑色的脊背时隐时现，在透明的水中闪闪发光，宛如一条灵活的小银鱼。一点儿也没有冻坏或溺水的迹象。

后来，小鸟潜入水底，用脚爪抓着沙子，在河底自由地行走着。时而停下来，用嘴翻开河石，从下面拽出一只黑色的水甲虫。

过了一会儿，它从远处的另一个冰窟窿里钻出，跳上了冰面。抖抖身子，甩干羽毛上的水，它又喳喳地唱起了歌。

河水或许是温温的，不然小家伙怎么能那么舒畅地在水里游泳？抱着这个想法，通讯员伸手往河水里探了探。可是，他立马就把手指收了回来。冰冷的河水像一柄利剑，直直地刺进皮肤里。

他这时才明白，这只黑褐色的小鸟，是最喜欢在河流边洗冷水澡的河乌。

与交嘴鸟一样，河乌也是不服从森林法则的动物。在它的羽毛上，有一层薄薄的油脂，不透水。当它潜入水里时，羽毛上就会冒出一层又小又多的水泡。这件空气外套能把冰水隔绝在河乌的身体之外，因此，即使是在冰水中，河乌也丝毫不会觉得冷。

在我们这儿，河乌是稀客。只有在冬天的时候，它们才会来到我们身边。

在水晶宫里

现在，让我们来看看鱼儿的冬天生活吧。

一整个冬天，鱼儿都在河里睡觉。河底的深坑，是舒适的床；河面上的冰层，是结实的屋顶。它们就在这样的屋子里过冬。

不过，它们的过冬并不是风平浪静的。有时，水禽会啄破冰层，潜入水中，追捕它们；有时，它们还会面临着缺氧的困境。

在冬末，也就是在2月，生活在池塘和湖沼里的鱼儿，会觉得水里的空气不够用了。它们呼吸困难，几乎喘不上气来。那时，它们就会从梦中醒来，游到冰屋顶下面，张开圆圆的嘴巴，捕捉冰上的小气泡。生活在河里的鱼儿，就不会遇上这样的情况，因为流动的河水为它们带来了足够的空气。

在糟糕的情形下，池塘和湖沼里的鱼儿可能会全部闷死。冰雪消融之后，要是你想在这样的水里钓到鱼，那是肯定不可能的。因为它们都闷死了，根本没有鱼可钓。

因此，为了防止鱼儿被闷死，我们可以在池塘和湖面的冰上，凿几个大点儿的冰窟窿，让鱼儿能够呼吸到新鲜的空气。还要留神别让冰窟窿重新冻上，保持空气的畅通。得注意安全哦。

雪下的生命

整个漫长的冬季，大地上都覆盖着茫茫白雪。你可能会好奇，在这片了无生机的雪海下面，有没有充满着活力的生命？它们的生活是什么样的？

我们的森林通讯员也想知道。于是，他们在林中空地和田野里的积雪上，用铁锹挖了一些深坑，从雪上一直挖到地面。

呈现在眼前的场景，大大出乎了我们的意料。

那是一个绿色的世界。绿色的小叶子，这里一簇，那里一簇，散布在各个角落。从半腐烂的草根下，钻出许多尖尖的嫩芽。即使被沉重的积雪无情地压倒在冻土上，不少草茎依旧保持着鲜艳的绿色。

草莓、蒲公英、荷兰翘摇、狗牙根、酸模，还有许多各种各样的植物，都是绿色的。在繁缕的茎上，甚至还有含苞待放的小小花蕾。寒冷与冰雪并没有击垮它们。相反，它们顽强地潜伏在雪下，积蓄着力量，等待春天勃发的那一刻。

在雪坑的四壁上，有一些圆圆的窟窿。那是小野兽们挖的地道，现在被我们的铁锹切断了。在冬天，通过地道，那些精明的小野兽在雪下来回穿梭，到处找东西吃。

对啮齿动物来说，比如老鼠和田鼠，植物的细根是难得的佳肴，又美味，又有营养。有经验的伶鼬、白鼬，专门在雪地里等候这些贪嘴的啮齿动物，并无声无息地突袭。有时，它们也会捕食在雪地里过夜、大意的鸟儿。

熊也不服从森林法则，它们选择在冬天生下熊宝宝。刚出生的小熊很小，跟大老鼠差不多。它们一生下来，就穿着暖和的皮大衣。这是细心的熊妈妈特意为它们准备的，以便它们能经受住寒冷的折磨。

以前，人们以为只有熊会在冬天生小熊。现在，科学家们发现，有些老鼠和田鼠也会在冬天产下鼠宝宝。在这之前，它们会把窝从地下洞穴里搬到地面上来，安置在雪被中，或者灌木底部的枝丫上。刚出生的鼠宝宝只有一丁点儿大，赤裸裸的，皱巴巴地缩成一团。好在窝里够暖和，耐心的鼠妈妈会给它们喂奶，帮助它们度过冰冷刺骨的冬天。

春天的预兆

随着冬天一步步接近尾声，早春的预兆一点点变得鲜明起来。

眼下，天气虽然还是很冷，但已不像仲冬时节那样天寒地冻、刺人肌骨。

地上的积雪尽管还很深，但不像之前那样洁白无瑕了。2月的积雪，颜色发灰发暗，早已失去了动人的光泽。有的雪地上，还出现一些像蜂窝一样的小洞。地上湿漉漉的，越来越多的积雪被融化了。

屋檐下挂着的那些冰柱，逐渐变大，在阳光的照射下，"滴答、滴答"地往下滴水。屋顶上的积雪渐渐地变薄了。地面上开始出现了小小的水洼。

太阳露出云层的时间越来越长，阳光也越来越温暖，不再是那种惨白的颜色。之前青灰色的天空中，蓝色一天比一天增多。天上的云也不再是灰沉沉的一片，它们开始分层。要是留神的话，还可以看见棉花堆似的积云从头顶上飘过。

一出太阳，长尾巴山雀就在树枝上唱歌："斯克恩，舒巴克！斯克恩，舒巴克！"似乎在练习迎接春天到来的曲子，歌声里满是喜悦。夜晚，猫儿纷纷爬上屋顶，在那儿举办屋顶音乐会，或屋顶斗殴赛。

森林里，斑啄木鸟偶尔会心血来潮地要一段擂鼓。尽管只是用嘴敲打着树干，可是很有节奏感："笃笃笃……笃笃笃……"

在云杉和松树下面的雪地上，不知道是谁在那儿画了一些神秘的符号。当猎人看到这些符号时，他们的心里就会一紧，紧接着兴奋得狂跳起来——这是松鸡留下的痕迹。它的翅膀从冰壳上面划过，几根硬羽毛在上面留下印子。印子越深、越大，表明这只松鸡越壮硕。它们开始在林子里活动了。这样看来，它们的求偶演出即将开始。到时将会有一些神秘的音乐，从密林中传出，那正是松鸡们的歌声。

城市之声
城里的打架

在城市里，可以清楚地感觉到春天向我们走近。

最近在街头巷尾，发生了几起打架事件。当事人是雄麻雀。它们毫不理会过往行人诧异的目光，在街头公然聚众斗殴。别看这些家伙个头小小的，打起架来可一点也不含糊。它们张开翅膀，腾空而起，扑到对方身上，用尖尖的小嘴一个劲儿啄着对方，有时还用上翅膀和爪子。有的麻雀的羽毛被啄得四处飞舞，有的脸上还被啄伤了。

雌麻雀呢，它们从来不参与打架，但是也从不阻止那些冲动的家伙。

猫儿也在打架，不是在大街上，而是在屋顶上。

每天夜里，它们都会爬到屋顶上打架。它们先是弓起身子，竖起身上的毛，相互威慑。然后冲上前去，直立起身体，用前爪打架，我点你的穴，你锁我的喉，扭打成一团。前爪不够用，就用后爪踹开对方的脸，有时还会用上嘴巴。它们打得你死我活，不可开交。两只公猫打得狠了，一只猫直接把另一只踹下了楼顶。不过，即使这样，猫儿也不会摔死。腿脚利索的它，会在空中翻个跟斗，落地时总是会让四脚先着地。这样，它就能稳稳地落到地上。顶多以后它得一瘸一拐地跛一阵子。

提早搭窝

残冬将尽，早春将临。城里的居民现在都忙着造房子，有的修理旧屋，有的新建住宅。

乌鸦、寒雀、麻雀和鸽子都在夙兴夜寐地奔波着。老一代的鸟儿，大多在修整去年的旧巢，或是填补壁上的破洞，或是把巢里的积雪清理掉，或是换上崭新的绒毛垫子。那些在夏天出生的年轻一代，从各处衔来树枝、稻草、马鬃、绒毛和羽毛，精心地为自己搭建着舒适的新巢。

要是你留心观察，这几天，随时可以看见它们在空中一闪而过的忙碌身影。

树上的餐馆

舒拉是我的好朋友。我们两个都很喜欢鸟儿。喜欢它们五彩斑斓的羽毛，喜欢它们在天空中飞翔的姿态，喜欢它们清脆悦耳的歌声。

在冰冷的冬天，很多在我们这儿过冬的鸟儿，比如山雀和啄木鸟，在雪地上找不到吃的，经常挨饿。看着它们憔悴消瘦的样子，我们很心疼，于是决定给它们做个食槽。

我家附近有一片小树林，里面长着许多大大小小的树。鸟儿常常飞到那些树上，或者落在树根旁，低着头寻找食物。

食槽是用三合板做成的，中间是一个浅浅的小槽，用来装食物。我们把这些食槽架在那片小树林里的树枝上。每天早晨，我们都会往食槽里撒上各种谷粒，燕麦、大麦、黑麦什么的。

起先，鸟儿对新出现的食槽保持着高度警惕，并不敢接近，即使里面盛着美味的食物。胆子大点儿的鸟儿，即使接近，也是战战兢兢地靠近。现在，鸟儿们都不再害怕，也习惯了我们每天的喂食。一看见我们俩走近，它们就迫不及待地聚集在一旁的树枝上等着。等我们撒好谷粒，它们就一哄而上，飞到食槽跟前来抢着啄食。在我们看来，这对帮助鸟儿过冬，利大于弊。

我们倡议：所有的孩子都应该行动起来，制作更多的食槽，帮助更多的鸟儿熬过冬天。

■森林通讯员 瓦西里·亚历山大

当心鸽子！

在大街拐角处的一座房子上，挂着这样一个标识：一个红色的圆圈里，有个黑色的三角形，三角形里面是两只白色的鸽子轮廓。

这是专门用来提醒汽车司机的标识。它的意思是："请注意，附近有鸽子出没！"

的确，在这儿，经常会聚集着一大群各种各样的鸽子，有青灰色的，有黑色的，有纯白色的，有咖啡色的，有带斑点的。它们横行霸道地挤在马路中间，招摇过市。人行道上，善良的大人和孩子们，会从袋子里掏出玉米粒和面包屑，撒给那些鸽子吃。于是，鸽子们乱作一团，到处抢食吃。当汽车司机驾驶汽车路过这里时，他们得小心而缓慢地绕过这群家伙。

这个标识，最初是由女学生托娘·哥尔基娜设计的。也是她最早要求在列宁格勒的大街上挂上这种牌子。现在，在列宁格勒和其他大城市里，也都陆续挂出了这样的提示标识。

这样做，一方面，市民朋友们可以在这儿喂食这些鸽子，欣赏这些象征和平的鸟儿；另一方面，这些可爱的鸟儿的安全可以得到保障。况且，所有保护鸟儿的人都是值得歌颂的，不是吗？

启程返乡

一大批信件如雪花般扑面而来。从埃及，从地中海沿岸，从法国，从英国，从德国，从意大利，从伊朗，从印度，陆续给我们《森林报》编辑部寄来了许多可喜的消息。信里面都提到了一件共同的事：我们的候鸟已经纷纷从越冬地启程返乡了。

聪明的它们，紧紧地跟随着春天的脚步。每当春天把一个地方从冰雪下解放出来后，它们就飞到那里落脚休息，然后再前往下一块被解放的土地。等到春天来到我们这儿，把冰雪消融，让江河解冻，它们就会飞回到我们身边。

在雪下长大

今天天气暖和。我带着小锄头和花盆去园子里挖些种花需要的泥土。顺带去看看我特意为鸟儿准备的小菜园子。在那儿，我种了一小块繁缕，这是专门给金丝雀种的。它们最喜欢吃繁缕那多汁可口的绿叶。

繁缕长着宽卵形的叶子，叶片是淡绿色的。它的花是白色的，但是很小，小得几乎看不见。它的茎又细又长，老是缠在一起。它喜欢贴着地面生长，而且生命力极为旺盛。要是你一个疏忽，种在角落里的繁缕就会快速地蔓延开来，甚至把菜园里所有的菜畦都占领。

这些繁缕的种子是在秋天播下的。不过，播种的时间有点迟了。种子刚发芽，还没来得及长成幼苗，就被厚重的积雪给掩埋了起来。那时，它们只长着一段细细的茎和两片小小的子叶。

我并没有指望柔弱的它们能够在冬天成活。

结果出乎我的意料：它们不仅安然熬过了冬天，而且长大了。当我挖开积雪，呈现在我眼前的，已经不再是柔弱的幼苗，而是一棵棵完整的植物。有几株上面还藏着小小的花蕾。

它们真是一种生命力顽强的植物，居然可以在雪下长大！

■尼·巴甫洛娃

清晨的新月

今天早上，我很早就起床了。确切地说，是与太阳一块儿起床的。因为我想见证新月的初升。新月很难看到，它大多在傍晚时分、太阳落山之后才姗姗出现。人们也很少在清晨看见它。

我发现，其实，新月比太阳起得早。日出时分，当太阳刚从地平线上升起来时，新月早已高高地升到了空中，挂在太阳的上方。

细长的它，仿佛一柄洁白的镰刀，又宛如一叶小舟，也好似一道浅浅的笑痕，悬在深蓝色的天空中。在金黄色朝霞的映

衬下，那么宁和，那么熠熠生辉。整个人都醉倒在这种祥和的
氛围中。

我从未见过它的这般风采。这次的新发现，真是太让我高
兴了！

■摘自少年自然科学家的日记

晶莹的小白桦

你们肯定不会相信，我家院子里出现了一棵晶莹的小白桦。
容我细细道来。

昨天夜里下了一场雪。雪花湿乎乎的，早些天融化了大部
分的院子，又重新披上了白色的冬衣。台阶前，有一棵我心爱
的小白桦，它也被裹上了白色的风衣。不过，这风衣有点黏黏
的。快到清晨时，气温突降，寒气在四周肆意游荡。

今天早上，太阳升起。我迫不及待地出门张望，白桦树让
我眼前一亮。它像被白雪施了魔法，全身上下，从树干到细小
的树梢，都涂着一层亮晶晶的白釉。在阳光下，整棵树晶莹剔透，
闪闪发亮。远远地看，还以为我家院子里一夜之间长出了一棵
宝树。走进一看，原来那是一层薄冰，是昨晚的湿雪冻成的。

树枝上落下了几只长尾巴山雀。它们也还穿着厚厚的棉衣，
像一团团毛茸茸的绒球。它们在枝丫间蹿上蹿下，寻找可以充

当早点的东西。饥饿折磨着它们，现在急需食物来填饱肚子。

可是，小虫子藏在冰壳下面，看得到却吃不到。尖利的嘴巴怎么也啄不开这层薄薄的冰壳，每啄一次，都会震得自己的小嘴发麻。脚爪在树上打滑，怎么也刨不穿，使尽浑身解数也无济于事。它们在树上啄来啄去，像是玻璃做成的白桦树发出细微的叮当声。

无计可施的山雀只好放弃。它们唧唧喳喳地飞走了，似乎是在抱怨这棵坚硬的小白桦。

明净的天空中，太阳逐渐升高。愈加温暖的阳光终于把树上的冰壳融化了。

所有的树枝上、树干上，都淌着一股股细小的冰水，像一条条银色的小溪流，蜿蜒而下。

山雀们又回来了。这回，它们不用再担心冰壳了。白桦树恢复成原先的模样。它们的小脚爪牢牢地抓着树枝，一点儿也不怕湿漉漉的雪水。它们高兴极了，在这棵解冻了的小白桦上美美地饱餐了一顿。

■森林通讯员 维利卡

最早的歌声

虽然现在的天气还是很冷，但在晴朗的日子里，花园里总会响起春天最早的歌声。

那是荏雀在树枝上唱歌。"晴 —— 几 —— 回儿！晴 ——
几 —— 回儿！"没有夜莺般婉转优美的嗓音，荏雀的歌声不过
是简单的调子。

但是，这简单的调子充满着愉快与喜悦，让人听了满心欢
喜。仿佛它在着急地通知大家："春天就要来了！赶紧脱掉冬
衣！迎接春天吧！"

绿棒接力赛

从 1947 年开始，一年一度的全苏联优秀少年园艺家选拔
赛正式拉开序幕。

这是一场绿棒接力赛。孩子们从 1947 年春天的手里，接
过绿色接力棒，跑完一整年的路程，再把它交到 1948 年春天
的手里。

对 500 万个少年园艺家来说，这可不是简单的一年。他们
不仅要用心保护好前人种下的一切植被，而且要精心培育每一
株新栽的草木。好在他们一个个都出色地完成了任务。

去年，好几百万的少先队员和小学生共同参加了这场接力
赛。他们一共种了几百万棵果树，同时也营造了几百公顷的森
林、公园和林荫路，为我们国家增添了许多绿色。

每跑完一场绿棒接力赛，都会在列宁格勒召开少年园艺家大会。每一位成绩杰出的少年园艺家都会获得鲜花与掌声的表彰。

这场绿棒接力赛，将会一直延续下去。

今年参加竞赛的要求与去年一样，可是需要完成的任务要比去年多得多。每一所学校将要新开辟一个果木苗圃，以便在明年建造更多的果园。

在祖国的国土上，还有很多道路需要用绿树美化，还有很多沃土需要用乔木和灌木守护，还有很多池塘、湖泊、河流需要用树林维持。这一切，正等待着一代代少年园艺家来完成。

当然，为了更好地完成这一切，他们得从老园艺家们那儿学习经验。

相信在不远的将来，祖国的每一个角落，都会变成绿意盎然又充满生机的美好家园。

最后一分钟接到的急电

秃鼻乌鸦的先锋队，已经出现在城里。它们像往常那样，在大街上悠闲地踱着方步。

冬季结束了。春天就要开始了。

森林里，动物与植物正在欢快地迎接新年。

现在，请你从头阅读《森林报》吧。

名师 导读 (二)

李春霞

（江苏省海门市中南国际小学 海门市书香教师）

★ 思维拓展

（一）如何对待自然？

没有孩子会生来不爱池塘与草地，不爱野花和小鸟。可是如今，一些人却患了"自然缺失症"。他们习惯于室内环境或人工环境，主动接触大自然的少之又少，他们的心离大自然越来越远。相比大自然，他们更愿意同电脑、电视等电子产品为伴，童年缺少了与大自然亲近的美好时光。他们，无法懂得地球有她的自然节奏，有她的季节更替，还有她的美丽和神秘。他们，因为无知，可能会破坏大自然，导致地球资源枯竭。

亲爱的少年读者们，你们必须了解自然、熟悉自然，你们长大了就是森林、田地、河流、湖泊的主人，你们应当尊重大自然，并成为大自然的保护者。读了《森林报》，你对自然万物一定有了新的认识。请你谈谈我们人类应该如何对待自然？

（二）怎样观察自然？

观察是写作的基本功，敏于观察、善于观察，是培养写作能力的重要一步。培养观察能力的途径主要有两条：一是凭借阅读材料，向作者学习观察和分析事物的方法；二是借助实践活动，在活动中学习观察。

"林中大战"是《森林报》作者着墨最多的地方，作者用生动形象的语言，真实地再现了 6 次植物、动物之间的激战。森林中的树木们、植物们表面上安宁祥和，实际上每时每刻都充满着激烈的战争。是谁为了什么而发起进攻？他们各自有着怎样的秘密武器？根据 6 篇《林中大战》，说说你阅读后的收获，并交流对于你观察事物有哪些启发。

（三）关于来自森林的电报

《森林报》的特色之一便是每一期都包含了几个不同的栏目，你注意到没有，有个栏目叫"八方来电"，每次由《森林报》编辑部发出电报，然后会收到八方来电。第一次的电报内容如下：

"注意！注意，

这里是列宁格勒《森林报》编辑部

今天是春分，3 月 21 日。这一天，白昼和黑夜一样长。今天，我们和全国各地共同举行一次无线电广播通报。

东方，南方，西方，北方，请注意！

苔原、森林、草原、山岳、海洋、沙漠、请注意！

请你们介绍介绍，你们那儿目前的情况。"

森林总部要各地通报 3 月 21 日这一天的情况，因为 3 月 21 这一天不仅仅是春分，更是森林世界的重大节日——新年！森林王国跟我们人类一样，也有自己的历法，每个月还有各自不同的名字。请你读读这本书中的

4次"八方来电"内容，了解电报发出的时间，探索同一个森林历时间里不同地方的奇异风景，然后选择一个你感兴趣的分部开展研究，并将你的研究成果在班级中展示。

（四）关于森林的科普知识

打开《森林报》，好似走进一个精彩纷呈的世界。看完这本书，你好像和作者一样，也在森林里度过了有意思的一年！你会非常幸运，认识很多动物和植物，了解它们的喜怒哀乐，比如乌鸦妈妈是鸟类中最先下蛋的，它的巢建在高高的云杉上，被厚厚的积云覆盖着。为了确保蛋不被冻坏、小鸟不被冻死，乌鸦妈妈总是寸步不离地守着它的窝。乌鸦爸爸会为它找吃的回来。你会知道"林中大汉"驼鹿为什么会打架，你会知道兔妈妈什么时候生下了小兔，黄鹂的住宅是什么样的，他们个个都有一套生存的本领。请你认真阅读《森林报》中的内容，举行一次属于你的森林知识发布会。

（五）如何用文字描述自然？

比安基曾骄傲地说："我是第一个把森林作为一种生命之轮描写的作家。这种生命之轮的轨迹是完整的……千百篇故事的要素都是世界上最坚定、最美好的东西。"作者运用艺术的语言和巧妙的构思，轻灵诗意地向我们描绘着大自然活蹦乱跳的生命，用清新、活泼、自然的文字，描绘出四野、荒漠、海洋的居民生活。《森林报》在某种程度上还引领了近百年来动物科普文学的写作潮流，它让爱自然的孩子爱上了文学，也让爱文学的孩子爱上了自然。

在简单而神秘的自然界，充满了童心和童趣，哪怕是一群蚂蚁家族的故事，也是一个丰富多彩的世界！请你擦亮双眼，去找寻这个世界上最美好的东西，试着记录你身边动植物的世界，让这些动植物也充满人类世界的情味和品性吧!

★自我测评

从五个思维拓展题中任选感兴趣的一个,写一篇不少于800字的心得。